NONE

计算机进化史

从电子管到人工智能

赵东文 编著

THE
EVOLUTIONARY HISTORY
OF
COMPUTERS

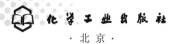
化学工业出版社
·北京·

内容简介

计算机从产生到现在不足百年，从硬件到软件均变化巨大。本书按照时间先后顺序，从基础的计算机结构讲起，逐步揭开电子管、晶体管、CPU 等关键技术的神秘面纱，展现了它们如何推动计算机技术的飞跃发展。书中不仅追溯了计算机从机械计算到电子管，再到晶体管的演变，还探讨了现代智能设备如手机、家电等背后的计算机技术。同时，本书还展望了计算机技术的未来趋势，特别是人工智能等前沿领域。通过生动的历史故事与详尽的技术解析，让读者对计算机及智能设备有了更加全面而深入的理解。

本书既展现专业深度，又不失阅读乐趣，适合计算机相关专业师生、技术人员，以及对计算机感兴趣的人阅读参考。

图书在版编目（CIP）数据

计算机进化史：从电子管到人工智能 ／ 赵东文编著.
北京：化学工业出版社，2025. 3. -- ISBN 978-7-122
-47423-0

Ⅰ. TP3-091

中国国家版本馆CIP数据核字第20251R6T58号

责任编辑：曾　越
文字编辑：侯俊杰　温潇潇
责任校对：王　静
装帧设计：王晓宇

出版发行：化学工业出版社
　　　　　（北京市东城区青年湖南街 13 号　邮政编码 100011）
印　　装：北京云浩印刷有限责任公司
710mm×1000mm　1/16　印张 15¼　字数 276 千字
2025 年 7 月北京第 1 版第 1 次印刷

购书咨询：010-64518888　　　　　售后服务：010-64518899
网　　址：http://www.cip.com.cn

凡购买本书，如有缺损质量问题，本社销售中心负责调换。

定　　价：69.80元

COMPUTER 前言 PREFACE

电子计算机是20世纪40年代中后期开始出现的一种电子设备，经过近80年的不断发展，它已经渗透进生活的方方面面。我们拥有的现代生活，很多方面都与计算机相关技术的发展密切相关。

广义上的电子计算机，不仅指家庭或办公用的台式及笔记本电脑，还包括专门领域使用的服务器、工作站、工控机等，以及其他使用计算机技术的大量智能设备。

目前智能设备已经无处不在，如上网用的宽带路由器、看电视用的机顶盒、做饭用的智能电磁炉、银行办业务用的自动柜员机，以及很多人都有的手机。此外还有用于通信及工业领域的一些智能设备，如通信交换机、工业机器人、可编程控制器等，也都是通过计算机技术实现的。

服务器

可编程控制器

数控设备

这些设备的控制部分基本都使用CPU，运作原理是一致的。CPU是central processing unit的缩写，翻译为中文就是中央处理单元，也称为中央处理器，是电子计算机的最核心部件。

正因为有了体积小巧而功能强大的CPU，家用的及工业用的各种设备，都在快速地走向智能化，即通过CPU来实现自动检测、自动控制等功能，并能进行复杂的运算，如：电视机过去需要通过扳动机械旋钮来选择频道，现在的已可以自动搜索频道，还能通过遥控器进行功能选择和设置；全自动洗衣机可以自动打开水阀进水，到一定水位后则自动关闭，清洗结束后还能自动打开水阀放水，并能自动甩干。了解CPU的工作原理，会对智能设备有更深入的认识，对更好地选用也会有所帮助。

目前连汽车也在向智能化发展，不仅仪表盘、雨刷器等一些部件采用了CPU来控制，一些电动汽车还具有了辅助驾驶功能，并有公司在积极研究自动驾驶技术。

前面提到的CPU是一种集成电路，即缩小制作在一块绝缘板上的电子线路，包括许多微小的电子元件及相互之间的连线，外面包裹着保护层。过去的计算机一般只有一个CPU，现在功能强的计算机常常使用多个CPU。

早期电视机　　　　　　　　现代遥控电视机　　　　　全自动洗衣机

CPU中的电子元件，数量最多最重要的是晶体管。因为设计制作技术的进步，很小的一块基板上可以制作出非常多的晶体管，先进的CPU可以包括上亿只晶体管，甚至有超过千亿的。每只晶体管非常微小，人眼无法分辨，只有借助放大设备才能看到其轮廓。

在过去的几十年间，出现了带遥控的电视机，也有了智能手机，还有了可以随处使用的无线网络，这都使我们的生活变得非常方便。这些技术进步，有赖于电子信息技术的发展，从基础来说是因为有了处理能力更强、处理速度更快的芯片，进一步说则是有了体积更小、开关速度更快的晶体管的批量加工制造方法。晶体管，这种在20世纪中期才被发明出来的看似不起眼的小小零件，经过半个多世纪的发展，创造出了太多的奇迹。

计算机对大多数人来说并不陌生。现在很多中学已经开设了相关课程，越来越多的工作岗位也要使用计算机。不过对于计算机的发展历程、怎样使用芯片来组成计算机、怎样通过晶体管组成CPU等芯片，就未必有很多人了解。本书从分析计算机的结构开始，讲解组成CPU的晶体管和计算机的核心CPU，并介绍近百年间计算机的发展过程及相关的技术进步，包括现在非常受关注的一些计算机新技术，如人工智能。本书还会介绍除计算机以外的其他智能设备的组成和控制原理，如冰箱、空调、手机等，以及这些智能设备和网络的构成。

使用晶体管能构建芯片，使用芯片则能组成计算机及智能设备，把计算机与智能设备通过网络连接起来就形成了目前的电子信息世界。这是一个经几代人不断努力的结果，其中的一个个历史瞬间及那些推动进步的人物，也应被后人铭记。

本书从设想到完成耗时一年多，感谢家人提供的协助因此有更多精力投身写作，最终使本书得以出版面向读者。

因个人知识及能力有限，书中难免会有疏漏之处，欢迎批评指正。

编著者

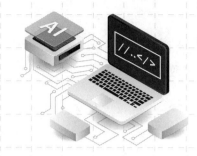

目录 CONTENTS

第三章

二进制和数字编码

第四章

数字电路

第五章
芯片

第六章
CPU

第七章
计算机硬件

第八章
计算机软件

第九章

计算机网络

第十章

智能设备

10

11

第十一章
计算机的新发展

第一章
计算机的结构和缘起

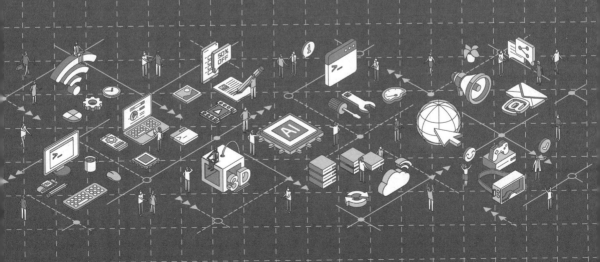

一、计算机的结构

现在所说的计算机（computer），一般是指一种可以通过编程来实现计算等功能的电子设备，典型代表是家用或办公用的台式计算机和笔记本计算机，功能强大堪比人脑，因此也被称为台式电脑和笔记本电脑。从计算机分类上来说，这类计算机被称为个人计算机，主要是供个人操作和使用。

1. 个人计算机的组成结构

个人计算机，无论台式或笔记本式的，都以键盘（keyboard）为主要的输入设备，如图1-1所示，台式机还使用鼠标（mouse），笔记本式的一般使用触摸板（touchpad），有的配触摸屏（touch screen），当然也可以外配鼠标。显示屏（display screen）为主要的输出设备，目前主要都是轻便体积小的平板式显示器（显示屏）。

图1-1　台式计算机和笔记本计算机

如果打开台式计算机的机箱，就能看到内部的计算机主板，如图1-2所示，上面是密密麻麻的电子元件，还有很多线缆和接插件。其实主板上最核心的部分是CPU和内存。大多数的CPU都需要风扇来散热，小风扇下面的一般就是CPU。

内存（memory bank）是计算机的主要存储器，如图1-3（a）所示，在台式机中一般为长条状，插在主板的内存插槽中。计算机开机运行后的程序和数据就存放在内存中，但其中的内容在断电后会丢失。

硬盘（hard disk）也是一种存储器，如图1-3（b）所示，其中存储的内容断电后仍然保持，计算机的程序和数据平时都存在这里。因为硬盘体积大也较重，在台式机中一般用螺钉固定在机箱上，然后通过线缆连接到计算机主板上。

(a) 内存　　　　　　　　　　　　(b) 硬盘

图1-2 台式计算机内部　　　　　　图1-3 台式计算机的内存和硬盘

　　计算机是一种电子设备，需要电源供电。台式计算机的电源通常做成单独的模块固定在机箱上，然后通过线缆和接插件连接到计算机主板及硬盘等部件上，电源模块后面还有散热风扇。笔记本电脑是以电池为主要电源，外接电源主要用于为电池充电，也可以同时提供工作时的电源。

　　台式计算机的主要组成部分可以用图1-4表示。此外计算机还有音频的输入输出、视频的输出接口等，后文会有更详细的介绍。笔记本电脑也是类似的结构，但内部结构紧凑，各个厂家的布局和一些零部件的外形会有一些差异。

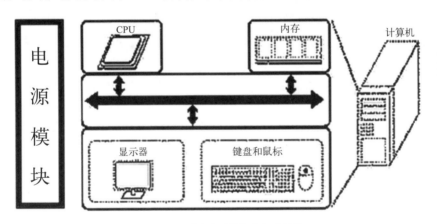

图1-4 台式个人计算机的组成结构

　　总体上说，个人计算机就是从键盘、鼠标等输入设备获取数据和指令，经过CPU的判断、计算等，最后产生输出。如在键盘敲入字符，就能在显示屏上显示，用鼠标双击某个视频，就能打开播放。在这个过程中，CPU就像人的大脑，具有判断和计算的能力，根据输入来产生输出，而存储器则具有类似人脑的记忆功能。

> **知识扩展**
>
> 　　个人计算机，除了苹果公司（Apple Inc.）出产的型号有自己独有的设计，其他的一般都是开放式结构，市场上符合规范的部件，基本都可用来相互连接组成计算机。曾有一个繁荣的行业是计算机组装，就是将各个厂商生产的CPU、主板、显卡内存、硬盘、电源、机箱、键盘、鼠标、显示器等零部件，组装成一台完整的台式计算机，用户以较低的价格便能获得与品牌机相同的性能，甚至在某些性能上会更出色。因为市场上的相关配件丰富，出现故障后维修更换也比较方便。

2. 一般计算机的组成结构

　　个人计算机主要是由CPU、存储器、输入设备和输出设备组成的，这是因为随着技术的发展出现了一体化的CPU芯片。在此之前，CPU的功能要通过很复杂的多块电路板来完成，主要包括运算器和控制器两部分，当时的计算机是由运算器、控制器、存储器、输入设备和输出设备五部分组成。

　　各种电子式计算机基本都是这种结构，无论系统是开放的还是封闭的，甚至超级计算机也可以这样划分，不同的计算机只是其中各部分的实现方式有差别。

　　这种计算机结构是在20世纪40年代由美籍匈牙利人约翰·冯·诺依曼（John von Neumann）提出的，被称为冯·诺依曼体系结构。至今，计算机的结构在总体上并没有太大的变化，只是组成各个部分的外形及实现方法出现了改变。例如早期的计算机是使用穿孔纸带输入，使用电传打字机输出，而运算器和控制器是使用电子管实现的。

3. 智能设备的组成结构

　　冰箱、空调等家用制冷设备很早就已经出现，开始主要是使用一些温度开关、电磁阀和继电器等进行控制。随着技术的发展，这些设备也已改用计算机控制方式，如图1-5所示。

　　壁挂式家用空调的控制板中，核心一般是MCU（微控制单元），这是一种把CPU与存储器等集成于一体的芯片，体积更小、成本更低，使用更方便。这种设备中，温度传感器和红外探头为输入，发光二极管（light-emitting diode，LED）指示和压缩机驱动、风门驱动为输出。MCU主要是根据输入的温度信号，进行判断和计算，产生控制压缩机运转的输出，实现温度控制。红外探头用于接收遥控器传来的控制信号，MCU根据遥控信号实现开关机和温度、风量

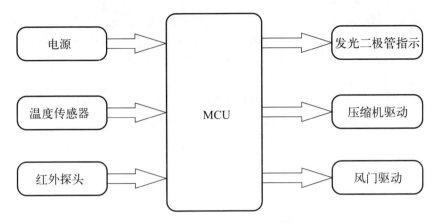

图1-5 壁挂家用空调的控制功能框图

等的选择。

立式空调控制板的功能结构也差别不大，只不过可能没有遥控输入，而有按键和液晶显示屏（liquid crystal display，LCD），一般是通过按键设置温度和风量等，并可将一些参数显示在LCD上。家用冰箱控制板也是相似的结构，但显示一般更简单，部分不设按键和显示，温度是预设好的，不能改变。

越来越多的家电和工业设备，都在通过加入CPU的方法实现控制。有了CPU就像有了大脑，具有一定的智力，能通过算法实现自动检测、自动控制等功能，常被称为智能设备（intelligent device）。

知识扩展　空调遥控器也使用MCU，以按键为输入，LCD和红外线二极管为输出，通过按键选择相关功能，如温度、风量等。这些设定不仅要在LCD上显示，还要通过红外线二极管把指令发送给空调主机。

二、计算机的缘起

现代计算机虽然才出现几十年，但"可进行计算的机器"的构想早在几百年前就已被提出。

1. 机械计算机

苦于计算过程的烦琐和枯燥，也为了减少出错，古人使用了一些辅助工具协助计算，中国古代就出现了算盘、算筹等计算工具。

早期出现的能进行计算的机器是机械式的。1642年，法国人布莱士·帕斯卡（Blaise Pascal）发明了使用齿轮的加法器，这被认为是最早的计算机。德国数学家戈特弗里德·威廉·莱布尼茨（Gottfried Wilhelm Leibniz）改进了帕斯卡的加法器，通过加入重复计算的功能来做乘法。不过，为了进行较大数字的乘除法计算，应用对数的计算尺也被发明了出来，曾被广泛使用。一些天文研究者就曾使用计算尺来研究天体运行的规律，如图1-6（a）所示。

(a) 计算尺　　　　　　　　　　　　　　(b) 手摇式机算机

图1-6　计算尺和手摇式计算机

1851年，法国人托马斯·德·科尔玛（Thomas de Colmar）设计了一种可以做四则运算的机械式计算机。后来瑞典人威尔戈特·西奥菲尔·奥涅尔（Willgodt Theophil Odner）改进了科尔玛的设计，使之成为手摇式，如图1-6（b）所示。手摇式的计算机此后被大量生产，直到20世纪70年代还有很多地方在使用。

> **知识扩展**
>
> 　　1784年，德国工程师约翰·赫尔弗里奇·冯·米勒（Johann Helfrich von Muller）提出了差分机（difference engine）的概念。英国人查尔斯·巴贝奇（Charles Babbage）在1822年提出使用差分机来计算数学用表以消除人工计算的差错。在英国政府的支持下，经过10年的努力，实现了6位精度的差分机，不过预想的更高精度的差分机一直未能完成。150多年后，伦敦科学博物馆（London Science Museum）按巴贝奇的设计建造完成了重5吨的差分机，其包含了8000多个部件，如图1-7所示。

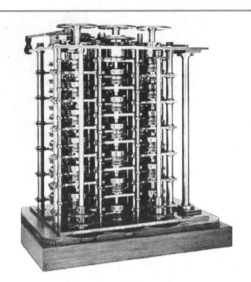

图1-7　巴贝奇的差分机的复制品

巴贝奇后来开始研究更加通用的分析机（analytical engine），计划可以解有100个变量的算题，精度可达25位。这种设想在那个机械时代过于超前，最终只能停留在脑海中，留下了不完整的数万张零件图和上千张组装图。

20世纪30年代，还出现过使用电机驱动齿轮解算微分方程的微分分析仪（differential analyzer），这应该是机械计算机的最高成就。

后来的计算机研究者中，很多人是从巴贝奇的文稿中获得了灵感，使用新的电子元器件和新出现的技术，继续计算机器的研究。

2. 继电器计算机

继电器（relay）是一种可用电控制的机械开关，很适合设计计算机。1937年，美国贝尔实验室的乔治·斯蒂比兹（George Stibitz）制作出了一个可完成两位数加法的继电器计算机的简陋模型，称为Model-K。这个模型是在其家中厨房搭建的，K即kitchen（厨房）的缩写。

图1-8就是Model-K模型，使用的是电话继电器和手工裁剪的铁皮，用小灯泡作为输出指示，这是最早的使用二进制的计算机器。1940年，在此基础上斯蒂比兹设计出了M-1计算机，其中使用了440个继电器，可以计算电学研究中需

要的复数的加减乘除运算，一次复数乘法
运算需要30～45秒，而使用手摇式计算
机需要15分钟，效率大大提高。此后，斯
蒂比兹还主持了M-2、M-3、M-4、M-5等
一系列使用继电器的计算机的研制，有的
型号使用的继电器数量近万，多台被美国
军事机构所采用。斯蒂比兹也被后世称为
"计算机先驱"，并设有以其姓名命名的
奖项。

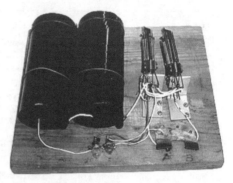

图1-8　Model-K计算机模型

　　美国哈佛大学（Harvard University）教授霍华德·哈撒韦·艾肯（Howard
Hathaway Aiken）在研究中产生了制作求解微分方程的自动计算机器的想法，1939年
在IBM公司（International Business Machines Corporation，国际商业机器公司）投资下
开始设计制造。1944年，Mark Ⅰ继电器计算机完成，"看上去像火车"，运行起来的
噪声"像一屋子的人在织布"，如图1-9所示。

图1-9　Mark Ⅰ继电器计算机

　　这台被IBM公司称为ASCC（automatic sequence controlled calculator，自动循序
控制计算器）的计算机，使用了3千多个继电器，有75万多个元件，长16米，重
4.5吨，造价50万美元。Mark Ⅰ通过穿孔卡片机输入数据和指令，输出为电传打字
机，每秒可计算3次加减法，计算1次乘法需要6秒，计算除法需要11秒多，进行
对数运算要超过1分钟。Mark Ⅰ虽然计算速度不够快，但精度高，而且稳定可靠，
每周可工作7天，每天工作24小时。此后，Mark Ⅱ等后续的计算机也陆续设计制造
完成，主要为海军、空军提供计算服务。

> **知识扩展**
>
> 德国的工程师康拉德·楚泽（Konrad Zuse）也在研究计算机，并在1938年完成了Z-1计算模型，但因缺乏资金购买相关元件而未能实际运行。后来，楚泽使用继电器设计了Z-2计算机，且已经可以正常工作，由此引起德国飞机实验研究所的关注并给予了资助。1941年，楚泽设计的使用继电器的计算机Z-3完成，其中包含了2600个继电器，用穿孔纸带输入，每秒可以进行3～4次加法运算，可在5秒内完成一次乘法运算。不过这台计算机在1944年的盟军轰炸中被炸毁。
>
> 在当时的战争大环境下，楚泽的研究一直不为外界所知，直到20世纪60年代初他才被确认为计算机的发明人之一。

3. 电子管计算机

继电器是一种机电器件，开关的断开闭合要通过机械运动来实现，有较长时间的延迟，使计算速度难以提高。其实早已出现了一种电子开关——电子管，具有很快的开关速度。

19世纪三四十年代，美国陆军军械部的弹道研究实验室（Ballistics Research Laboratory）需要进行大量的弹道计算，但当时的机械式和继电器式计算机的运算速度无法满足需要。美国宾夕法尼亚大学（University of Pennsylvania）莫尔电机工程学院的约翰·莫希利（John Mauchly）在1942年提出了"高速电子管计算装置"的设想，后来在军方拨款下开始研制，不过这台称为ENIAC（electronic numerical integrator and calcula，电子数字积分计算机）的计算机直到1946年才完成，如图1-10所示。ENIAC使用了1.7万个真空管，长30多米，高2.4米，占地约170平方米，重30吨，耗电功率150千瓦，造价48万美元。ENIAC计算机的计算速度很快，每秒可以执行5000次加法或400次乘法，大约是继电器计算机的1000倍。

ENIAC后，还出现了EDVAC（electronic discrete variable automatic computer，离散变量自动电子计算机）、EDSAC（electronic delay storage automatic calculator，电子延迟存储自动计算器）、IAS计算机（Institute for Advanced Study in Princeton machine，普林斯顿高等研究院计算机）等使用电子管的计算机。电子管计算机局部如图1-11所示。

最初的计算机造价高昂，很多都是国家工程，一些就是为了军事需要而建造。第二次世界大战结束后，计算机开始走入商业领域，但也只有政府部门、军事机构、大型企业、高校和科研单位才用得起。投资Mark Ⅰ计算机的行业巨头IBM公

图1-10　ENIAC计算机

图1-11　电子管计算机局部

司的创始人托马斯·约翰·沃森（Thomas John Watson）曾说"全世界只需要四五台计算机就够了"。现在看来著名企业家的话也未必靠谱。

　　从使用电子管开始，计算机才进入电子时代，被称为电子计算机。此后的计算机都已采用电子式，无论是电子管，还是后来出现的晶体管、芯片，也就常常省去前面的电子二字，只称为计算机。

知识扩展

　　1935年，美国艾奥瓦州立大学（Iowa State University,ISU）的约翰·文森特·阿塔那索夫（John Vincent Atanasoff）和克利福特·贝瑞（Clifford Berry）使用电子管开始设计一台计算机，用于求解线性方程组，1939年开始运行，后来被称为ABC（Atanasoff-Berry computer）计算机。这台计算机只使用了300个电子管，相对简单，是一种专用计算机。不久第二次世界大战爆发，研究工作因此中断，ABC计算机直到20世纪60年代后才为人所知。

第二章
从电子管到晶体管

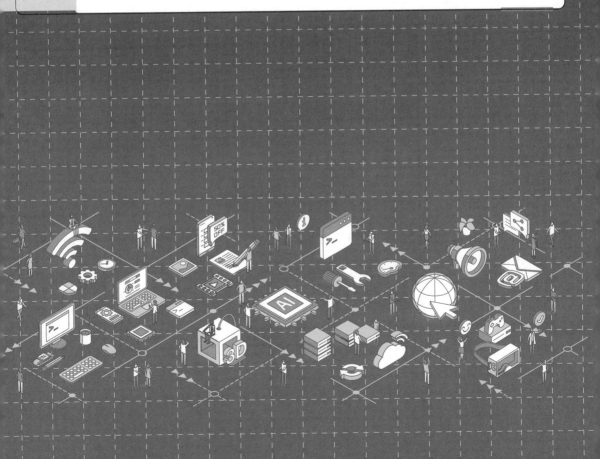

一、电子管

最早的电子计算机是使用电子管的。其实电子管出现比较早，此前主要用于无线电设备中，如无线电报、无线广播、收音机等。

1. 什么是电子管

电子管（electron tube），恐怕现在已经很少有人能见到了，也很少人听说，而在20世纪50年代之前还是高科技产品，国家为了能批量制造这种稀缺的关键零部件，曾在几个城市建起大型的电子管厂，其中一些还是苏联援建的重点项目。

电子管的外观像小个头的白炽灯，如图2-1（a）所示。20世纪30年代和40年代流行的一种时尚电器是五灯收音机，其中就使用了5个电子管，开机后电子管会发光，像5个小灯泡，因此得名。图2-1（b）就是五灯收音机内部。

(a) 电子管　　　　　　　　　　　　(b) 五灯收音机内部

图2-1　电子管和五灯收音机

电子管一般是玻璃外壳内包裹了几个金属电极，内部抽成真空，也称为真空管（vacuum tube），是真空电子器件。为了安装方便，那些金属电极一般都连接到电子管的尾端，头部有个尖是抽真空的口，通过熔融玻璃密封。电子管分为真空二极管和真空三极管等几种。

1904年，英国物理学家约翰·安布罗斯·弗莱明（John Ambrose Fleming）发明了真空二极管（vacuum diode），它在结构上有阴极（cathode）和阳极（anode）两个电极，另有一个加热灯丝，内部结构如图2-2（a）所示。灯丝加热后，如果阳极接电源正极而阴极接电源负极就会有电流通过，阳极接电源负极而阴极接电源正极则没有电流，也就是这种真空二极管具有单向导电性。当时的真空二极管性能并不好，很长时间内并未获得实际应用，却引发了后续的发明。

1906年，美国发明家李·德·福雷斯特（Lee de Forest）在真空二极管的两个电极之间另外加上一个栅栏式的金属网电极，称为栅极（gate electrode），电极为三个，这种器件就被称为真空三极管（vacuum triode），内部结构如图2-2（b）所示。福雷斯特发现，灯丝加热后，这个栅极上很小的电压变化，就能引起阴极和阳极之间电流的很大变化，即具有了信号的放大作用。

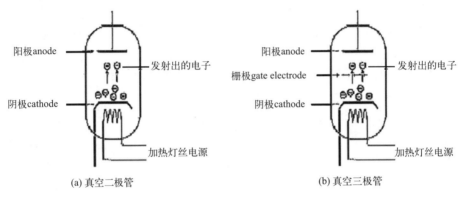

(a) 真空二极管　　　　　　　　　　(b) 真空三极管

图2-2　电子管结构图

福雷斯特的发明还是比较超前的，获得实际应用并取得巨大成功则是在数年之后。为提高真空三极管的性能，在此基础上又发展出了四极管、五极管等，形成一个大家族。资料显示，在1960年前后，西方国家年产10亿个电子管。

知识扩展

　　电子管的外形类似一只小型白炽灯，其发明也源于美国发明家托马斯·阿尔瓦·爱迪生（Thomas Alva Edison）研制白炽灯时的意外发现。

　　爱迪生是美国著名的发明家，1879年研制出使用碳化棉线为灯丝的实用的白炽灯，不过这种灯丝只能用几十个小时。1883年，爱迪生在研究提高碳灯丝寿命时，在灯丝附近安装了一小截铜丝，虽然这种结构对提升灯丝寿命没有什么效果，但却发现铜丝上会产生微弱的电流。爱迪生为此现象申请了专利，称为"爱迪生效应"。这个专利并未给爱迪生带来什么收益，但由此引起了弗莱明的兴趣，并在此基础上发明了真空二极管。

技术说明

其实，"爱迪生效应"是热电子发射现象，也就是束缚在灯丝中的电子，在获得足够热能后离开灯丝进入空间。电子带有负电荷，这时如果受到阳极正电荷的吸引（更正规的说法是在电场作用下），就会移动过去并与正电荷中和，产生电流。不过当时电子还没有被发现，人们并不了解其原理，也就无法解释这种现象。

电子（electron）在1897年才被发现，英国物理学家约瑟夫·约翰·汤姆逊（Joseph John Thomson）在研究阴极射线（cathode ray）时根据其在磁场作用下的轨迹确定是带负电的粒子流，并计算出其电荷与质量的比值。1906年，汤姆逊因其相关研究成果获得了诺贝尔物理学奖。

有了能产生电子束的阴极射线管（cathode-ray tube，CRT），以及通过电信号能产生变化的磁场，磁场变化就能控制电子束的偏转方向，这就是阴极射线管显示器，即CRT显示器。早期的示波器（oscilloscope）、电视机和计算机显示器都使用的是CRT显示器，因其内部是真空，要用较厚的外壳支撑，所以大屏幕的显示器需要几个人才能搬动。

2. 电子管的作用与缺陷

1897年，无线电报（radio telegram）出现了，如图2-3所示，不久又出现了通过无线电传送声音的技术，即无线电广播（radio broadcast）。为了实现无线电报和无线电广播的远距离传输，需要增大发射功率，还需要实现微弱信号的检测，福雷斯特发明的真空三极管到了大显身手的时候。1913年，美国人埃德温·霍华德·阿姆斯特朗（Edwin Howard Armstrong）发明了使用电子管的超外差（superheterodyne）电路。很快，使用超外差电路的收音机就被发明了出来。

电子管时代的超再生（super-regenerative）、超外差等电路结构到现在仍被使用，当然其中的电子管大都被后来出现的晶体管所替代。

有人发现电子管可用作快速电子开关，并设计了相应的逻辑电路，也就有了电子管计算机，ENIAC、EDVAC、EDSAC、IAS计算机等都是这种类型。

在欧美这种商业发达的社会，电子计算机转为民用品非常迅速。在英国剑桥大学（Cambridge University）建造EDSAC计算机的莫里斯·文森特·威尔克斯

图2-3 无线电报传输系统

（Maurice Vincent Wilkes）遇到了资金困难，就说服伦敦的一家食品公司投资，这家食品公司也就获得了批量生产的权利。这就是LEO计算机（基于EDSAC设计）的由来。它被认为是最早的商用计算机，被人戏称出自"面包房"。商业公司为了商业利益，会紧随时代变化快速转换行业。而设计建造ENIAC、EDVAC等计算机的约翰·莫希利等人离职后建立起自己的公司，因缺乏资金又加入了Remington Rand（雷明顿兰德）公司，建造的后续计算机被用于1951年的人口普查，也成为商用计算机。

在20世纪50年代，计算机主要采用的是电子管。不过，电子管需要灯丝加热后才能起作用，设备在开机一段时间后才能正常运行，这称为预热。为使灯丝变热还要消耗掉大量电能，造成使用电子管的计算机功率都比较大，动辄需要上百千瓦，少的也要十几千瓦。

当时每只电子管的寿命都不是很长，一般只有几百小时，需要经常检修更换。电子管一般采用卡座固定方式，便于拆装。据说ENIAC计算机平均15分钟就会有一个电子管损坏，要在如此多的电子管中查找到损坏的并替换非常麻烦，也要耽误很长时间。电子管的这些缺陷促使人们去寻找新的材料，使用固体材料制作的电子器件开始走入人们视野。

知识扩展

提到无线电技术，就不得不提英国科学家詹姆斯·克拉克·麦克斯韦（James Clerk Maxwell）。他通过总结前人在电学、磁学等方面的研究成果，用数学公式进行了系统表达，再进行数学推导，在1865年就预言了电磁波（electromagnetic wave）的存在，还算出电磁波的传播速度为光速。以他的名字命名的麦克斯韦方程组（Maxwell equations），至今仍然是学习和研究电磁波的基础，也是理工学科中让很多学生头大的难学科目之一。

虽然有了理论，但真实与否还要通过实践来检验。1888年，德国物理学家海因里希·鲁道夫·赫兹（Heinrich Rudolf

Hertz）通过火花放电方式证实了电磁波的存在，无线电时代由此开启。

当时已经出现了有线电报，但铺设传输电报的电缆费时费力且成本很高，为了铺设跨越大西洋的海底电缆就花去了多年时间，还很容易受损。既然电磁波可以在空间传播，人们自然会想到能否利用电磁波来传送电报。意大利人伽利尔摩·马可尼（Guglielmo Marconi）、塞尔维亚人尼古拉·特斯拉（Nikola Tesla）及俄国人亚历山大·斯捷潘诺维奇·波波夫（Alexander Stepanovich Popov）等都从重复赫兹的实验开始投身这方面的研究工作。

赫兹使用的产生火花的电磁波检测装置需要比较强的信号，也就只能在很短的距离内使用，最初只有10米左右，更加灵敏的检测器件（detector）是提高传输距离的关键。马可尼曾使用过金属屑检波器、电解检波器、磁检波器等多种器件，当时弗莱明也曾参与其中，不过他发明的真空二极管在性能上并未展现出优势。成本低廉、稳定可靠且不需外加电源的矿石检波器逐渐获得青睐。

矿石检波器，是使用一些天然矿石的小块，如方铅矿（PbS）、黄铁矿（FeS_2）等，用一根金属丝与其接触，选择适当的位置就能形成比较灵敏的检波器。这些矿石是一些硫化物或氧化物在自然界形成的结晶体（crystal），也被称为晶体检波器（因为金属丝细长，像猫的胡须，也被称为猫须探测器）。在晶体管还比较昂贵的时代，使用这种简单的矿石检波器的收音机曾经很流行，被称为矿石收音机。图2-4（a）为一种矿石检波器，图2-4（b）为一种矿石收音机。

(a) 矿石检波器　　　　　　　(b) 矿石收音机

图2-4　矿石检波器和矿石收音机

技术说明

　　矿石检波器，其实就是利用金属丝与天然的半导体矿物接触处形成的一种特殊结构而工作的，在二者的接触面会产生内建电场，使电流只能向一个方向流动，而不能反方向流动，即具有单向导电性。这种特性与真空二极管类似，但并不像真空二极管那样需要外加电源才能工作。

　　天然矿石杂质比较多，性能不太稳定，后来出现了人工提纯的半导体材料，可以替代天然矿石。用金属丝与半导体材料相接触形成的具有单向导电性的器件被称为金属-半导体二极管，或肖特基二极管，以首先提出理论解释的德国物理学家华特·赫尔曼·肖特基（Walter Hermann Schottky）而命名。因为肖特基二极管的一些优越特性，目前在开关电源等方面还在大量使用。图2-5（a）为肖特基二极管外形，图2-5（b）为其工作原理示意图。

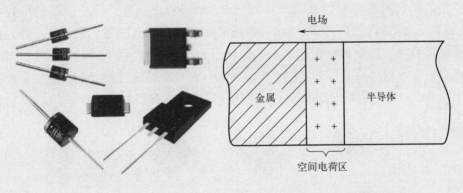

(a)肖特基二极管外形　　　　　　　　(b)肖特基二极管原理

图2-5　肖特基二极管与原理

　　当时利用一些天然的金属氧化物、硫化物的特性还出现了可以把交流电变成直流电的整流器（整流二极管），研究这些固体物质特性的学科——固体物理学，也已经建立。

　　从直观上可以联想到，矿石晶体检波器与真空二极管的单向导电性基本一样，真空二极管可以通过加入第三个电极形成具有放大作用的真空三极管，那么为晶体检波器加入一个电极，是否也可以实现信号的放大功能呢？

二、晶体管

电子管是真空器件，体积比较大，而且耗电多、寿命短。这时已经发现了一些固体材料的特性和优势，在此基础上进行研究，最终发明了晶体管。

1. 什么是晶体管

晶体管（transistor）是一种重要的电子器件，在电路中常起到信号放大、信号产生和电子开关等作用，与真空三极管的功能基本一样。晶体管是由半导体材料制成的，一般引出三个电极，以方便与其他电子器件相连，也被称为半导体三极管。在电子产品内部，往往能看到一些三个引脚的元件，其中不少就是晶体管。图2-6是一些常见的晶体管外形。

我们看到的晶体管外观是一种封装（package），是为了保护内部的半导体核（管芯）而加工制作的。外形尺寸主要是依据安装和散热的需求来设计，通过的电流大就需要更大的面积来散热。晶体管使用的是固体材料，被称为固态电子器件。与真空三极管相比，晶体管体积小、重量轻、耗电少、速度快，而且耐振动、不用预热，寿命一般可达数万小时以上，正常使用十几年都不会损坏。

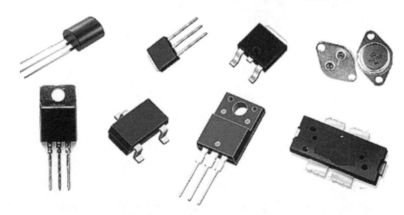

图2-6 常见的晶体管外形

晶体管是20世纪最重要的发明之一，来自贝尔实验室。1956年，晶体管的发明者威廉·肖克利（William Shockley）、约翰·巴丁（John Bardeen）和沃尔特·布拉顿（Walter Brattain）共同获得诺贝尔物理学奖。

知识扩展

　　贝尔实验室（The Bell Labs）是美国电话电报公司（American Telephone & Telegraph，AT&T）的研究机构，建立于1925年。这家公司起源于第一台实用电话的发明者亚历山大·格拉汉姆·贝尔（Alexander Graham Bell）创建的公司，因此使用贝尔作为名称。贝尔实验室建立的目的是为其母公司提供研究开发服务，从建立至今已获得两万五千多项专利，研究成果不仅有晶体管，还涉及激光器、太阳能电池、发光二极管、CCD图像传感器、电话交换机、通信卫星、通信网等很多方面，Unix操作系统及C/C++编程语言也出自这里，其研究成果中有8项（13人）获得诺贝尔奖。

2. 晶体管的发明

　　当时已有一些业内人士相信，使用固体材料也能研制出类似真空三极管功能的器件，贝尔实验室的副主任默文·凯利（Mervin Kelly）就深信不疑，因此招募了固体物理学家进行研究。肖克利是麻省理工学院（Massachusetts Institute of Technology，MIT）的固体物理学博士，而约翰·巴丁则是普林斯顿大学（Princeton University）的固体物理学博士，肖克利作为这个固体物理研究小组的主管。

　　当时的相关理论还不够成熟，使用的材料纯度也有问题，开始的研究并不顺利，按理论制作的多种模型都不成功。到1947年底，约翰·巴丁和沃尔特·布拉顿通过在锗基片上放置两个距离很近的电极触点，实现了类似真空三极管的信号放大作用，发明者认为这种器件具有阻抗变换功能，使用了英语trans-resistor来命名，后来简化为transistor，中文译名为晶体管。晶体管发明者如图2-7所示。

　　有了最初的突破就增强了信心，肖克利提出了一种新型的晶体管模型，1950年与其同事合作得到了实现，这种晶体管的性能很快超过了最初的一代。

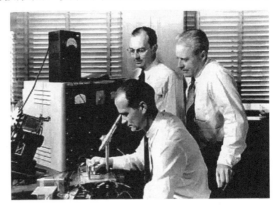

图2-7　晶体管发明者

但锗（germanium，化学符号Ge）这种半导体材料在地球上非常稀少，在一些性能上也存在问题，比如环境温度高时性能变差。后来的晶体管主要是以硅（silicon，化学符号Si）为材料制作。硅是地球上最丰富的元素之一，而且性能更加稳定可靠。

知识扩展

世界上的各种物质，按导电性能可以大致分为导体（conductor）和绝缘体（insulator）。比如大多数金属都是导体，电流很容易在其中流过，而一般的塑料、橡胶、陶瓷和干燥木材等是绝缘体，电流就很难通过。因此电线的金属芯大都使用铜、铝这些金属，而导线的外皮则使用塑料、橡胶等与外部隔离。其实，在导体和绝缘体之间，还有一些材料的导电性能比较特殊，被称为半导体（semiconductor）。纯净的半导体材料在常温下的导电性能在导体和绝缘体之间，但在加入一些特定元素，或通过光照等影响，就会改变其导电特性，晶体管就是使用这种半导体材料制成的。

最常使用的单一元素的半导体是元素周期表中第IV主族元素中的硅和锗，最常用的化合物半导体材料为III-V族元素的化合物，如砷化镓（GaAs）、磷化铟（InP）和氮化镓（GaN）等，其他还有IV-IV族化合物半导体（如SiC）和氧化物半导体（如Cu_2O）等。目前对半导体材料的研究范围更宽，包括II-VI族元素组成的化合物、钙钛矿，还有一些有机物。

硅是目前使用最多的半导体材料，现在的二极管、晶体管和芯片等半导体元器件，绝大多数都是使用硅制成的，加工制造技术成熟，成本较低，性能也比较稳定，使用硅的还包括太阳能电池板等。

锗晶体管虽然是最早批量制造的，但因为性能和稳定性等问题，目前已经很少能见到。不过在工作频率较高时，或者在红外领域，加入一些锗会提高性能，如SiGe器件常用于微波方面。

各种化合物半导体材料目前发展也比较快，不过限于原料成本及加工制造的难度，目前主要用于发光二极管、微波等领域，还有高压大功率场合。

技术说明

约翰·巴丁和沃尔特·布拉顿在锗片上制作出的最初晶体管模型如图2-8（a）所示，图2-8（b）为其结构示意图。

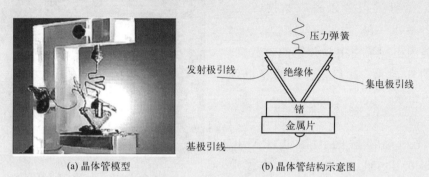

(a) 晶体管模型　　　　　　　　　(b) 晶体管结构示意图

图2-8　最初的晶体管

这个装置其实是将一片金箔包在绝缘材料的三角形锥体上，并在锥尖处划开分成两个电极，这样就能使两电极之间的距离非常近，然后将带金箔的锥角压在锗片上，并使用弹簧来压紧。两片金箔是两个电极，锗片下面引出一个电极，共有三个电极。三个电极的金属与半导体锗片之间是点接触，这是一种点接触的锗三极管。

这个装置看起来很简单，但就是这样一个简陋的模型却带来了一场技术革命，其影响延续至今。原始结构的三极管现在已经见不到了，被后来出现的一些其他结构所替代，图2-9就是其中的两种。

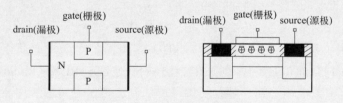

图2-9　一些晶体管的内部结构

从图2-9中可以看出，晶体二极管中另外加入了一个电极，不过这里采用的已不是天然矿物的晶体，而是人工提纯的半导体晶体薄片，材料纯度高，性能一致性更好，并要通过特定的加工制作技术才能实现控制功能。

3. 晶体管对电子管的替代

晶体管的出现满足了现实的需要，很快就推广开来。几年后锗晶体管的产量就达到了年产几千万只，过去要使用电子管的很多设备，如收音机、电子计算机等逐渐改用晶体管。1954年，美国出现了使用晶体管的收音机，价格约50美元，此后电子管收音机逐渐淡出市场。

同年，贝尔实验室研制成功第一台使用晶体管的计算机TRADIC（transistor digital computer，晶体管数字计算机），如图2-10所示，其中包含

图2-10 TRADIC计算机

684个晶体管，功率小于100瓦，是为美国空军研制的，可以安装到轰炸机上。不过TRADIC计算机还使用了电子管产生30瓦的1兆赫时钟信号，当时的晶体管还无法胜任这个工作。

英国曼彻斯特大学（University of Manchester）的一个团队也在使用点接触型锗三极管研制计算机，1955年完成了全晶体管的CADET计算机，其中包括200个晶体管和1300个半导体二极管，功率150瓦，此后还陆续推出Muse、MU5、MU6等机型。1956年，美国麻省理工学院的林肯实验室（Lincoln Laboratory）建造了TX-0（transistorized experimental computer zero，晶体管化实验计算机0号），使用了3600个Philco公司生产的高频三极管。

1955年，IBM公司宣布建造IBM 608晶体管计算机，但直到1957年才推出，其中使用了3000个晶体管。此时还有多家美国公司在生产晶体管计算机，如NCR（National Cash Register，国家现金出纳机公司）、RCA（Radio Corporation of American，美国无线电公司）等，英国、奥地利、德国、日本等国家也陆续有相应产品推出。从20世纪50年代末期开始，计算机进入晶体管时代。

1956年，中国科学院应用物理研究所制造出了第一只国产晶体管。中国的晶体管收音机于1958年在上海研制成功，1964年中国第一台全晶体管电子计算机在哈尔滨军事工程学院（现为中国人民解放军军事工程学院）研制成功。

因为晶体管在绝大多数领域都已替代了电子管，所以电子管逐渐被人淡忘，现在学习电子技术专业的一般也不会学习相关知识了。不过电商市场上还是可以买到

电子管的，有一些爱好者不离不弃，认为使用电子管的音响音质更好，称之为"胆机"。

知识扩展

1959年，美国DEC（Digital Equipment Corporation，数字设备公司）基于TX-0架构推出PDP-1（programmed data processor-1）晶体管计算机，使用了2700个晶体管，售价12万美元，继而推出数个型号，因体积小巧被称为小型机（minicomputers）。PDP系列计算机，大多是12—18位的计算机，因价格低廉颇受欢迎，很快占有了当时计算机市场的大部分份额。

IBM公司在此前后推出的IBM 7070、7080、7090等晶体管计算机，售价在80万～290万美元，月租金都要数万美元，被称为大型机（mainframe）。IBM公司的计算机虽然非常昂贵，但功能强大，占据着大型机市场的绝对优势。

计算机行业的巨头IBM公司最初的业务是制造销售打孔机和制表机，通过投资Mark I继电器计算机开始进入计算机制造领域，后来推出了使用继电器的IBM 602和使用真空管的IBM 603等型号的商用计算机，开始从机电设备向全电子计算设备过渡。1952年，IBM公司基于IAS计算机推出使用电子管的IBM 701计算机，并批量生产，后续又有多个型号不断推出，逐渐成为那个时代计算机行业的霸主。包括计算机编程语言Fortran、数据库查询语言SQL、软盘、硬盘等很多计算机软硬件技术和设备都来自IBM公司。

4. 半导体器件的种类

最早出现的是锗晶体管，后来出现了使用平面技术加工制造的硅晶体管，性能更好，逐渐成为市场的主流。此后的晶体管基本都是硅晶体管，锗晶体管在市场上已经难觅踪影。

经过几十年的发展，目前晶体管的类型很多，主要包括双极型晶体管（bipolar junction transistor，BJT）和场效应晶体管（field effect transistor，FET）两大类。几十年间双极型晶体管的型号最多，价格较低，最常使用，一般简称为三极管。

早期出现的场效应晶体管是结型场效应管（junction FET，JFET），然后出现了金属-氧化物半导体场效应管（metal-oxide semiconductor FET，MOSFET），并后来居上。随着性能的提高和价格的降低，MOSFET有替代双极型晶体管的趋势。

使用半导体材料制作的器件还包括半导体二极管、晶闸管（thyristor），及应用于特殊领域的IGBT、MESFET等，并在不断发展中。常见的发光二极管就是半导体二极管的一种，如图2-11所示，利用发光二极管的半导体照明技术发展迅速，这些年基本淘汰了过去大量使用的发光效率低的白炽灯。发光二极管使用的是化合物半导体材料。

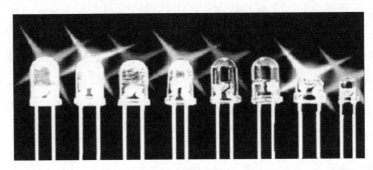

图2-11　发光二极管

随着芯片的发展，为了在很小的体积内制作出更多的晶体管，需要体积更小、速度更快的结构，一些实验室专注这个领域，研究出了多种新型晶体管，使芯片的性能明显提升，也有很多类型的晶体管尚待实用化。

知识扩展

虽然锗晶体管最早出现并得到市场认可，但肖克利想利用地壳中储量丰富的硅来制作晶体管。1955年，他离开贝尔实验室回到其家乡美国加利福尼亚州的圣克拉拉（Santa Clara），创建了肖克利半导体实验室（Shockley Semiconductor Laboratory），并以其名望吸引来了美国电子研究领域的很多青年才俊加入。

1957年，有八位骨干离开肖克利，吸引投资建立起了仙童（Fairchild）半导体公司，如图2-12所示，在这里他们完成了硅平面型晶体管的产业化，还制造出了以硅为基底的芯片。后来几个人又各奔东西，先后创建了十多家相关公司，包括知名的英特尔（Intel）公司等。通过这些人的努力，圣克拉拉附近地区半导体公司密集，成为世界半导体产业的中心，被称为硅谷（Silicon Valley）。

图2-12　创办仙童半导体公司的八位骨干

肖克利后来到斯坦福大学（Stanford University）任教授，他虽然在创办企业方面未能取得成功，却催生了一个产业，也带来了家乡的繁荣。

晶体管发明者之一的约翰·巴丁，离开贝尔实验室到伊利诺伊大学香槟分校（University of Illinois at Urbana-Champaign，UIUC）任教，曾担任过静电复印公司的经理，还研究过半导体激光器，1972年因超导研究再次与他人共同获得诺贝尔物理学奖。另一位发明者沃尔特·布拉顿则回到母校惠特曼学院（Whitman College）任教，长期从事半导体物理学研究，还研究过压电现象、磁强计等。西方的专业人员经常会在高校与企业之间转换身份，不仅懂得教学和研究，也了解企业对科技的现实需求。研究项目的设立面向实际，研究成果就能更快地转化为实用技术。

哲人说过："社会的需要比十所大学更能推动科技的进步。"电子管及晶体管的快速发展，正是社会对广播通信及科学计算等方面的需求推动的。为了提升器件性能达到社会需要，有研究资金流入，并吸引众多研究机构及各类人员纷纷加入其中，相关基础研究也随之加深，产生了各种理论。

目前有专门研究半导体材料的半导体物理学，还有更偏向应用的微电子学。一些研究者还建立起各种半导体器件的数学模型，并设计了相应的软件进行仿真计算，以降低设计的难度和验证的成本，其中美国加利福尼亚大学伯克利分校（University of California, Berkeley）开发的SPICE（simulation program with integrated circuit emphasis，以集成电路为重点的仿真程序）软件最为出名。

最早的晶体管是点接触型的，后来使用的晶体管大都是平面结构，通过在纯净的半导体材料中掺入特定的其他一些材料（也称掺杂），如硼（boron，化学符号B）或磷（phosphorus，化学符号P），就能形成P区和N区，这两个字母分别是positive（正）和negative（负）的缩写。

对于Si来说，最外层电子数为4，纯净的硅晶体中每个Si原子可与四周的4个Si原子形成稳定的结构。如果在其中加入B杂质，因为B原子的外层只有3个电子，在与Si原子形成的晶体结构中就会缺少一个电子，形成空位，被称为电子空穴（electron hole），简称空穴，这种结构很容易捕获一个电子，称为P型半导。而如果加入P杂质，因为P原子的外层有5个电子，在与Si原子形成的晶体结构中就会多出一个电子，这种半导体称为N型半导体。图2-13（a）为P型半导体平面化示意图，图2-13（b）为N型半导体平面化示意图。

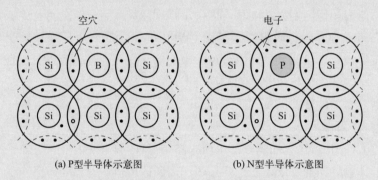

(a) P型半导体示意图　　　　　　(b) N型半导体示意图

图2-13　P型与N型半导体内部示意图

如果P型半导体与N型半导体结合在一起，在接触面附近，N型半导体中多出的电子就会向P型半导体移动，与P型半导体中的空穴复合，形成一种称为PN结的结构。在PN结中，会有一种内建电场，使电子只能向一个方向流动，而不能反向流动，即具有单向导电性。图2-14是PN结示意图。

常用的半导体二极管就是一个PN结，可以正向导通，反向不能导通，即P极接电源正极而N极接电源负极就有电流流过，反之则没有电流。图2-15（a）为半导体二极管外形的实物图，图2-15（b）为内部结构示意图，图2-15（c）

为电路图中使用的表示符号，称为电路符号。半导体二极管一般使用A表示正极，使用K表示负极，这与真空二极管的两电极的表示方法一致。因为二极管的两个端有差别，实际器件上都会有明显的标识进行区分。

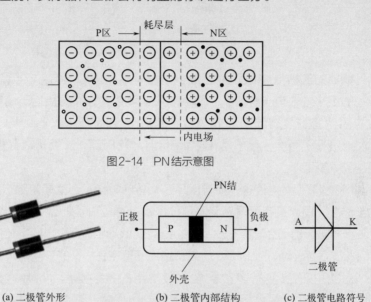

图2-14 PN结示意图

(a) 二极管外形   (b) 二极管内部结构   (c) 二极管电路符号

图2-15 半导体二极管的外形、内部结构和电路符号

PN结中的空穴捕获电子时会产生光子，这是发光二极管的基本原理。不过只有产生的光波波长在人眼的视觉范围内才能被看到，需要选取特别的材料并配合特定的加工制作技术，才能发出对应颜色的光或可用作遥控的红外光。

常用的半导体三极管一般有两个PN结，加入另外一个PN结后，中间的一层非常薄，就有了一些不同的特性，这种结构的三极管为双极型晶体管（BJT）。BJT分为NPN和PNP两种类型，在电路中使用时有明显区别。图2-16（a）是NPN型BJT三极管的内部结构图，图2-16（b）是其电路符号，其中三个电极分别称为发射极（E，emitter）、集电极（C，collector）和基极（B，base electrode）。不是专业人员不需要了解得非常细致，只需要知道，如果BE两极之间没有电流，CE之间就也没有电流，这时三极管处于截止状态，如果BE两极之间有小电流，CE之间就会有数倍至百倍的电流，即具有电流的放大作用。

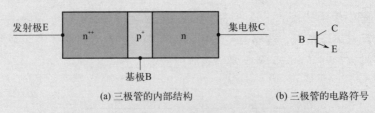

(a) 三极管的内部结构　　　　　　(b) 三极管的电路符号

图2-16　NPN型BJT三极管的内部结构和电路符号

早期的三极管中BJT类型最多，但其控制极必须有一定电流，与真空三极管的工作方式有一些差异，而场效应晶体管的性能更接近于真空三极管。场效应晶体管主要有结型场效应管（JFET）和金属-氧化物半导体场效应管（MOSFET）两类，目前常见的大都是MOSFET，计算机芯片中现在也主要使用MOSFET。

MOSFET晶体管的外观与BJT三极管的一样，也就是使用相同的封装，但内部的芯不同，只有根据其型号及技术资料才能知道是哪种晶体管。MOSFET的三个电极分别称为源极（S，source electrode）、漏极（D，drain electrode）和栅极（G，gate electrode），名称对应于真空三极管的三个电极。

MOSFET其实有多种类型，最常用的是增强型（enhanced type）的MOSFET，也就是栅极G没有加入控制电压时，源极S与漏极D之间是不导通的，而在栅极G加入一定的控制电压，源极S与漏极D之间就会导通，而且栅极G电压越大，S与D之间的导通电阻越小。增强型的MOSFET又分为N沟道与P沟道两种，使用方法有明显差别。图2-17（a）为MOSFET的一种结构示意图，图2 17（b）为N沟道增强型MOSFET的电路符号。增强型MOSFET种类最多也最常用，一般提到的MOSFET都是指增强型的，而耗尽型（depletion type）的都会加以特别说明。

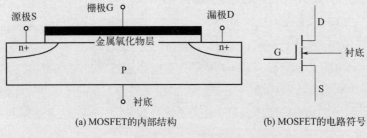

(a) MOSFET的内部结构　　　　　　(b) MOSFET的电路符号

图2-17　MOSFET的内部结构和电路符号

5. 半导体产业

硅片上制造一只晶体管只需要占用很小的面积，一个硅片上能同时制作出很多，还能加工制作出电阻、电容等其他一些元件，再加工出导线把这些元件连接起来，这就是集成电路（integrated circuit，IC），也称为芯片。

自从有了晶体管和芯片，电子产品的体积大大减小、成本显著降低，使一些曾经高贵的电子产品迅速平民化，如收音机、电视机、移动电话等，市场从而打开，一些电子产品的年产量高达数千万台甚至上亿台。

为了生产出市场需要的大量晶体管和芯片等半导体元器件，从原料提纯开始，到加工制作，最后封装销售，形成世界上的一个庞大产业——半导体产业。

从一枚小小的晶体管开始，半导体产业经过半个多世纪的不断发展，产值已经超过5000亿美元。晶体管从单个器件发展成为复杂的芯片，应用领域从收音机到电视机、空调、冰箱等，走入千家万户，手机更是几乎人人必备。工业领域也在大量应用半导体器件，其他还包括交通、通信、军事等方方面面。可以说是半导体产业支撑起了这个电子信息时代。

技术说明

随着半导体技术的发展，出现了二极管、晶体管等多种半导体元器件，每种元器件因一些参数的不同又分为很多型号。为区分不同的半导体元器件就出现了型号命名法，世界上主要有美国、欧洲、日本和中国四套命名法。

美国的半导体器件，是以数字打头，表示器件中PN结的数量，紧跟字母N表示是美国电子工业协会（Electronic Industries Association, EIA）登记的型号，后面的数字为登记号，如1N4148、2N3904、2N5551等。一个PN结也就是二极管，两个PN结一般是双极型三极管。在这种型号分类中，看不出是NPN型还是PNP型，要查对应规格书才能知道。还有一部分晶体管并未使用这种统一的命名法，而是使用生产厂商的自定型号，如MPSA05、MPSH10、MJE13002等。美国产的场效应管大部分是使用自己公司的命名法。

欧洲的半导体器件以A、B、C、D、R等字母打头，表示使用的半导体材料，其中A对应锗，B对应硅，C对应砷化镓等化合物半导体，D对应碲化铟等化合物半导体，R为复合材料。第二位也是字母，表示器件类型，如C为低频小功率三极管、D为低频大功率三极管、F为高频小功率三极管、L为高频大功率三极管等。后面使用三位数字表示普通器件，使用一位字母加两位数字表示专用器件，比如BC817、BCW30、BCX10、BD233等。

欧洲的场效应管一般不使用上述命名法，而采用公司的自定型号，目前很多公司的大功率产品开始采用企业字头－最大工作电流－N/P－最大工作电压/10的表示方法，如STD70N10就是最大工作电流70安，最大工作电压100伏的N沟道MOSFET。这种型号命名法逐渐获得一些企业的认同，不同的企业主要是采用不同的字头来区分。

日本的半导体器件以0、1、2、3数字打头，其中0表示光敏器件，其他则为有效电极数量减一。第二位为字母S，表示在日本电子工业协会（JEIA）登记。第三位也是字母，表示器件类型，A为PNP高频管，B为PNP低频管，C为NPN高频管，D为NPN低频管，J为P沟道场效应管，K为N沟道场效应管，等等。后面的多位数字为登记号，比如2SA1015、2SB772、2SC945、2SD882、2SJ136、2SK1342等。

国产晶体管命名都以3打头，后跟字母A、B、C、D、E，分别表示锗PNP型、锗NPN型、硅PNP型、硅NPN型、化合物材料。第三部分也为字母，表示器件类型，D为低频大功率管，A为高频大功率管，X为低频小功率管，G为高频小功率管，等等，比如3AX52、3BX31、3CG14、3DG6等。不过，目前国产的晶体管型号在市场上已经很难见到，民用品中大量采用美、欧、日、韩等国的型号。

第三章
二进制和数字编码

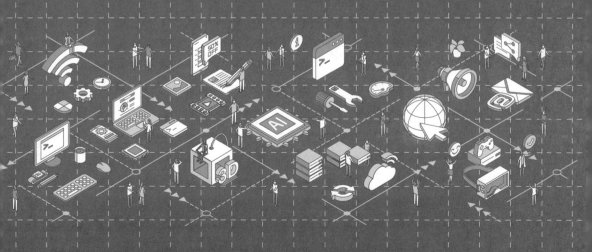

一、数字的进制

晶体管组成的电路是实现计算功能的部件，但怎样计算则需要有相应的计算方法，而计算方法又与数的进制密切相关，这就首先需要了解数的进制。

1. 十进制

我们日常生活中使用的主要是十进制数字系统（decimal system），比如2024、960000、3333等。其中使用了0到9共十个不同的数字字符，组成一个数字序列，通过字符的位置来表示不同的含义，如图3-1所示，比如：3在最右一位表示3，称为个位；在从右侧数第二位则表示3×10，称十位，即30；在从右侧数第三位则表示3×100，称百位，即300，也可以表示为3×10^2，以此类推。

图3-1 十进制数值

这种数字表示方法，以满十向上进一位为特征，称为十进制。十进制数字可以表示为通用计算式：

$$A_n\times10^{n-1}+\cdots+A_3\times10^2+A_2\times10^1+A_1\times10^0 \tag{3-1}$$

式中，n表示从右数的位数；A_n则表示对应位上的符号，即对应的数字字符。

十进制数在日常生活中使用比较方便，也已有比较完备的计算方法，但设计机器进行计算则比较烦琐，为了表示每个位就要有十个不同的状态，造成了机器的复杂性。机械时代的巴贝奇的差分机就因为结构过于复杂最终未能完成，1946年制造成功的ENIAC电子管计算机也是使用的十进制，结构也很复杂。

知识扩展

十进制是最常使用的数字系统。一般认为使用这种进制与人有十根手指有关，现在我们还在使用"屈指可数"这个成语。

实际生活中，我们也夹杂使用其他一些进制，比如时间上是60秒为1分钟，60分钟为1小时，而24小时则为1天；中国古代还使

用16两为1斤；英美等国则使用12英寸（1英寸=2.54厘米）为1
英尺，等等。不过这些进制并不是严格意义上的进位制，因为并没有
专有的数字符号，而是使用十进制字符来表示，比如15秒、20分等。
一些研究者认为，这主要是因为人类早期把一个单位进行五等分比较
麻烦，而进行二等分和三等分比较容易，就产生像2、4、6、8、12、
16、24这样的比较简单的分割方式，后来就沿袭下来。直到现在，英
美等国还在机械等一些领域沿袭十二进制的体系及分数体系，如4分
管（4/8，即1/2英寸）、5/8英寸扳手等。

2. 二进制

20世纪40年代，应召参与了许多美军项目的冯·诺依曼，通过研究正在计划
建造的几台计算机的结构，提出了制造电子计算机的一些新思想，其中就包括使用
二进制编码。以后的电子计算机基本都是采用这种设计思路，比如采用二进制的
EDVAC计算机使用了6000个电子管，占地45平方米，重7.8吨，功率56千瓦，在
电子管使用量、体积、重量及耗电量上都比ENIAC减少了很多。

二进制系统（Binary System）只使用0和1两个符号，一个数字使用一长串的0
和1来表示，通用计算式为

$$A_n \times 2^{n-1} + \cdots + A_3 \times 2^2 + A_2 \times 2^1 + A_1 \times 2^0 \tag{3-2}$$

使用足够长的0和1的序列，也可以表示出各种数字。二进制是逢二进一，为
了表示较大的数字就需要很长的0和1组成的数字串。

8位二进制数，可以表示的最大整数值是2^8-1，即255。16位二进制数，可以表
示的最大整数值是$2^{16}-1$，即65535。32位二进制数，可以表示的最大整数值是$2^{32}-1$，
即4294967295，接近43亿，已经非常大了。目前已有64位的计算机，64位二进制
数，可以表示的最大整数值是$2^{64}-1$，即18446744073709551615，一般人基本遇不
到这么大的数值。

计算机中表示传输速率、容量时，小写的b是bit（比特）的缩写，是指1个二
进制位。大写的B是byte的缩写，是指8个二进制位，称为字节。

使用二进制，每位只有两个状态，用机器实现就比较简单，如开关的断与合，
或晶体管的截止与导通，无论计算还是存储都变得容易。但二进制对人的阅读有些
难度，只是为了查清有多少位都比较费神。为了便于识读，现在二进制数字串一般
都写为4位一组或8位一组，以免看花眼。

德国数学家莱布尼茨被认为是世界上第一个提出二进制记数法的人，他在1701年初向巴黎皇家学会提交了一篇正式论文《数字科学新论》来论述二进制，不过并没有被接受。二进制计数法在几百年内一直无用武之地，数学史上更多地把莱布尼茨列为微积分的发明者之一。

最早使用二进制的计算机是继电器计算机，因为继电器的断开和闭合正对应着二进制。无论乔治·斯蒂比兹的M-1还是霍华德·艾肯的Mark I继电器计算机，都已使用二进制来进行计算，德国人康拉德·楚泽设计的继电器计算机也采用二进制，并在发表的研究报告中明确"向莱布尼茨致敬"。使用二进制的计算机被称为数字计算机，与当时使用液压、齿轮等技术实现的模拟计算机不同。

继电器计算机的研制成功，使几百年来一直籍籍无名的二进制开始受到专业人员的关注。后来出现了电子计算机，有了冯·诺依曼等人的研究报告，二进制终于获得大放异彩的机会。现在二进制是学习计算机及编程的必修课，也是理解计算机原理的基础。

技术说明

二进制数不是很符合人的思维习惯，为了要了解其对应的值，经常需要转换为十进制。比如10010101，这个数对应哪个十进制的值？转换可以使用式（3-2），如图3-2所示。

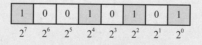

图3-2 二进制数的计算

只需要考虑不为零的那些位，并把其转换为十进制，然后相加即可。因为最后一位不为零，其值为2^0，即为1。右侧第三位不为零，其值是2^2，即4。右侧第五位不为零，其值是2^4，即16。最高位不为零，这是从右数的第八位，其值是2^7，即128。把上面各数相加，就得到149，这就是对应的十进制值。

使用二进制，还要比较熟悉2的各次幂的值，比如2^{10}对应十进制1024，也被称为1K，2^{20}对应十进制数1048576，也被称为1M，2^{30}对应十进制数1073741824，也就是1G，2^{40}对应十进制数1099511627776，也就是1T。计算机中显示文件大小或存储空间大小时常用这些值，它们比十进制中的k、M、G、T略大。

在计算机中，二进制数的每个位称为bit，8位二进制数称为一字节（byte），而16位二进制数称为半字（half word），32位称为一个字（word），64位称为双字（double word），这是目前约定成俗的用法。在几十年前，8位/16位计算机为主的时代，也曾使用过16位为word，32位为double word，不过现在32位计算机已经很普遍，64位也很多，已经不再这样使用了。

人工转换二进制和十进制数，在位数比较多时容易搞错，为了避免错误，一般还是使用计算器来算。Windows系统自带计算器程序，其中的程序员模式就有二进制BIN、八进制OCT、十进制DEC及十六进制HEX的转换功能，使用比较方便。

上面介绍的是二进制的整数表示法。十进制是有小数的，其小数点之后的数字可以用式（3-3）表达：

$$d_1 \times 10^{-1} + d_2 \times 10^{-2} + d_3 \times 10^{-3} + \cdots + d_n \times 10^{-n} \qquad （3-3）$$

式中，n为从小数点开始向右数的位置；d_n则表示对应位上的字符。比如0.3333，其中：从小数点开始向右的第一个3表示3×10^{-1}，即3/10，称为十分位；从小数点开始向右的第二个3表示3×10^{-2}，即3/100，称为百分位；从小数点开始向右的第三个3表示3×10^{-3}，即3/1000，称为千分位，以此类推。

而二进制的小数，对应的算式则为

$$d_1 \times 2^{-1} + d_2 \times 2^{-2} + d_3 \times 2^{-3} + \cdots + d_n \times 2^{-n} \qquad （3-4）$$

小数点后第一位为1表示1/2，即0.5。小数点后第二位为1表示1/4，即0.25。小数点后第三位为1表示1/8，即0.125，以此类推。可见为了达到一定的精度要求，二进制小数也需要很长的序列。

3. 十六进制

为了人的阅读及书写代码方便，在二进制基础上发展出了十六进制（hexadecimal），使用0～9再加上ABCDEF共十六个字符，用来代表每一位，这十六个字符排列起来则表示一个数字。图3-3的十六进制数，对应的十进制数为2860562487。

AA80B837

图3-3 十六进制数值示例

十六进制方便阅读书写，不会再为很长的01串而烦恼。对于十六进制，计算式为

$$A_n \times 16^{n-1} + \cdots + A_3 \times 16^2 + A_2 \times 16^1 + A_1 \times 16^0 \tag{3-5}$$

这样表示的数字串，会比使用十进制表示得略短。不过，机器中并不以式（3-5）进行计算，因为十六进制与二进制有比较简单的对应关系，即每4位二进制数对应1位十六进制数。计算机中仍然使用的是二进制数，只是为了人的阅读和识别方便，把每4位转换为一个十六进制字符。

使用二进制转换为十六进制时，要从最右面开始分组，这里隐含着整数与小数之间的小数点。二进制数最前面的0往往也会省去，如果分组时最左面的一组不足4位就要用0补足，然后转换为对应的十六进制数，如果从左开始分组就容易发生错位。

> **知识扩展**
>
> 学习计算机还常遇到八进制（octal）表示法，每3位二进制数对应1位八进制数。不过现今计算机的基本计算和存储单元的长度大都采用8的倍数，比如8、16、32、64等，而很少见到早期计算机的12、15、18这种长度，4位分组方式的十六进制更加方便，八进制已经比较少用了。
>
> 还有人研究过使用三进制（ternary）的计算机，一般的三进制是指使用0、1、2组成的数字序列，逢三进一。还有一种称为平衡三进制，是使用-1、0、+1三种字符组成的数字，一些通信编码中能看到这种表示方法，而用电路实现平衡三进制只需要加入负电源，也比较容易实现。不过这种方案并没有获得广泛认可，现实中基本遇不到。

技 术 说 明

　　十六进制在计算机中经常要用到，特别是在计算机编程中，学习计算机就要熟悉十六进制。十六进制字符对应的十进制、二进制数，可以参照表3-1。

表3-1　十六进制、十进制和二进制之间的转换

十六进制	十进制	二进制	十六进制	十进制	二进制
0	0	0000	8	8	1000
1	1	0001	9	9	1001
2	2	0010	A	10	1010
3	3	0011	B	11	1011
4	4	0100	C	12	1100
5	5	0101	D	13	1101
6	6	0110	E	14	1110
7	7	0111	F	15	1111

二、布尔代数与二进制数的计算

　　一个数字进制系统，要可以被使用，不仅需要有数字的表示方法，还需要有相应的计算方法。十进制的加减乘除四则运算现在是小学都要学习的技能，以后还要学习指数、对数、三角函数等运算。那么对于二进制，怎样进行计算呢？

1. 布尔代数

　　有了二进制表示法，也需要有相应的计算方法，这要归功于英国数学家乔治·布尔（George Boole），是他提出了符号逻辑运算，现在被称为布尔代数，以其名字命名。

　　布尔提出的逻辑运算方法其实是通用的，也比较复杂，后人在此基础上进行了梳理，形成了应用于二进制的布尔运算，有与、或、异或、非四种基本的逻辑关系，通过这四种逻辑关系的组合，就可以形成二进制的计算体系。

二进制的布尔代数也是学习计算机的数学基础，实际中经常要用到，无论设计逻辑电路还是进行软件编程，都无法避开。

技术说明

与、或、异或和非四种逻辑关系可以使用表3-2表示。其中，A和B表示参与运算的两个一位的二进制数，另一列则表示对应的结果值，对于多位的二进制数，使用对应位按位计算的方法，不涉及其他二进制位。

可以看出，对于参与运算的两个二进制数，与运算只有在二者皆为1时计算结果才为1，其他情况下都为0。或运算则是在二者皆为0时计算结果才为0，其他情况下都是1。异或运算则是二者不相同时结果为1，二者相同时结果为0。非运算是对一个二进制数的取反运算，0的结果为1，1的结果为0。

表3-2　与、或、异或、非四种基本的逻辑关系

A	B	与		A	B	或		A	B	异或		A	非
0	0	0		0	0	0		0	0	0		0	1
0	1	0		0	1	1		0	1	1		1	0
1	0	0		1	0	1		1	0	1			
1	1	1		1	1	1		1	1	0			

基本逻辑运算在计算机中很常用，与运算在计算机编程语言中常使用&、AND表示，或运算则常表示为|、OR，异或运算则表示为^、XOR，非运算一般表示为!、NOT。不同的计算机语言中，虽然表示方法会有一些差异，但运算方法都是一样的。

上面介绍的是正逻辑运算关系，目前的电路基本采用正电源工作。早期的很多电路是采用负电源的，在一些较早的书籍中也就能看到负逻辑关系。只需要知道有负逻辑关系即可，目前基本用不到，也不需要了解得非常详细。

2. 二进制数的计算

有了上面的二进制基本逻辑运算，就可以完成二进制数的加减乘除四则运算。比如计算一位的二进制加法，可以分为本位与进位两部分来计算，本位可以用异或逻辑来计算，而进位则使用与逻辑来计算，将与逻辑和异或逻辑组合就能实现二进制加法。

对于二进制减法，一般是将被减数转换为其补码，然后二者相加，结果就是二进制减法的结果。而二进制乘法，一般是使用移位相加的方法来计算，与十进制乘法的计算方法类似，只不过改为逢二进一。二进制除法的计算与十进制除法的计算方法也类似。

在十进制中，乘以或除以10的各次幂，比如10、100、1000等，比较容易计算，就是移动小数点的位置，需要时补0，一看就能知道结果。在二进制中，乘以或除以2的各次幂，比如2、4、8、16等，也很容易计算，只需要移位即可。乘以2的各次幂，就把二进制数左移对应位数，移出的位置填充0，而除以2的各次幂，就把二进制数右移对应位数，前面补零。不过这样的除法，是一种整除，忽略了小数。

为了实现上面说的移位计算，有一种专用的移位寄存器，计算机的运算器也都有移位的功能，很多计算机语言中也有移位的指令，通过移位执行乘以或除以2的各次幂速度很快。能否熟练应用乘以或除以2的各次幂的移位方法，也能看出是否有计算机的相关基础知识。

现在二进制的加减乘除运算，包括负数、小数（浮点数）的运算，甚至更复杂的对数、指数、三角函数等的运算，都已有人研究了比较好的算法，并制作成函数库供使用（也有的是使用专用的电路来实现），使用者只需要了解其使用方法即可，一般不需要研究底层的逻辑，除非是算法研究者，或目前的函数库不能满足需要。算法研究是很基础的内容，在继电器计算机时代就有人研究出了多种算法的计算程序。我们现在可以使用计算机进行各种复杂计算，是因为站在了前辈的肩膀上。

技术说明

一位的二进制加法的计算逻辑见表3-3，其中A和B为输入的一位二进制数，S为加法器本位的输出，C为进位。可以看出，S和"异或"逻辑是一致的，而C和"与"逻辑是一致的，也就可以使用一个异或逻辑和一个与逻辑组合来实现。

表3-3　二进制加法的逻辑关系

A	B	S	C
0	0	0	0
0	1	1	0
1	0	1	0
1	1	0	1

对于一个二进制数，将其每一位都取反，即1变为0，0变为1，这就是原二进制数的反码。比如，二进制数00001111（十进制对应15），其反码就是11110000。将这个反码加1，就是原二进制数的补码，上面二进制数的补码就是11110001。

如果要计算两个数的减法，如计算00110001（十进制对应49）减去00001111，就可以转为计算00110001与11110001的加法，忽略最高位的进位，结果为00100010，也就是十进制的34，可见结果是正确的。使用二进制补码，很巧妙地解决了二进制的减法问题。

十进制有正数与负数，其实二进制也可以表示负数。比如上面的减法运算，如果是计算00001001（十进制对应9）减去00001111，转为计算00001001与11110001的加法，结果为11111010，这正是6（00000110）的补码，可见用正数的补码表示对应的负值就可以得到正确的结果。二进制中，负数常用最高位为1来表示，其表示的值为其补码对应十进制值的负值。

对于小数，十进制中有一种称为科学记数法的表示方法，即把小数表示为10的幂的形式：

$$d \times 10^e \tag{3-6}$$

式中，d为定点小数；e为整数，都可以为负数。一般把d称为尾数，e称为阶数或阶码，比如2.9979×10^8、6.67259×10^{-11}等。对二进制数，也可以使用类似的方法来表示，只不过幂的基数为2：

$$b \times 2^c \tag{3-7}$$

式中，b和c都为二进制数，这种表示小数的方法称为浮点数。目前常用的浮点数表示格式为IEEE754。

三、字符的二进制表示及显示

计算机不仅需要进行数值计算，还要能打印和显示字符，如文稿、电子邮件等。而计算机只能识别二进制数，字符也需要有二进制表示法。

1. 电传打字机

早期的计算机，并没有显示器，控制台上只有一些按钮、开关和指示灯，输出一般使用电传打字机（teletype），如图3-4所示。

电传打字机是在此前的西文打字机基础上发展而来的。当时已经出现了电报，为了便于自动发送和接收电报，就出现了电传打字机，结构上包括了键盘、收发报器和印字机构等。

图3-4 使用电传打字机输出的计算机

电传打字机能自动发送和接收莫尔斯电码（Morse code），在计算机出现后稍加改造就能与计算机相连，作为计算机的输出设备。1940年，乔治·斯蒂比兹就通过其设计的M-1继电器计算机，使用电话线连接并操控电传打字机输出了计算结果。

知识扩展

字母文字的打字机（typewriter）出现在19世纪，有很多人专注于这个领域，为了将人从繁重的书写中解脱出来，后来有几款打字机开始批量生产。1868年，美国人克里斯托夫·拉森·肖尔斯（Christopher Latham Sholes）发明了QWERTY键盘，这项专利在1873年被美国雷明顿（Remington）公司购买，并开始了打字机的商业生产，这种键盘直到现在还在被广泛采用。

无论普通打字机还是电传打字机，能打印出字符都是因为机器上有字符对应的字模。当把一个字符的莫尔斯电码传入电传打字机，打字机就操控机械装置把对应字符的字模敲打到纸张上，通过油墨、色带、复写纸这类方法，字符的字形就在纸上显示出来了。

技术说明

电报使用的莫尔斯电码是由点、划和停顿组成的，其中点为基本的时间单位，划为点的3倍时间长度，通过点、划和停顿的组合就可以表示数字和字母，这其实就是一种二进制码。电报传入中国后出现了中文电报，使用点和划来表示数字，每四位数字对应一个汉字，称为"四码电报"。20世纪80年代还有电报业务，之后随着电话的逐渐普及就基本消失了。

电报使用的电传打字机，发报时，按下某一字符键，就能将该字符的莫尔斯电码自动发送出去，接收时，能自动接收莫尔斯电码，并打印出对应的字符。如果装上打孔器，电传打字机就能用纸带收录、存储电报，而早期的计算机则能用纸带存储数据和程序。

2. ASCII码

早期的计算机都是采用电传打字机这种已有的装置作为输出，只是根据需要做了一些改变。那时各个计算机厂家都有自己的一套设计，造成控制电传打印机的编码出现了一些差异，当时也出现了一些计算机之间的数据通信，为了编码的统一就出现了ASCII（american standard code for information interchange，美国信息交换标准代码）码。

ASCII码在1967年正式发布，这是一个使用二进制数表示拉丁字母、阿拉伯数字、标点符号和控制字符的对应列表。ASCII码使用7位二进制数，其中的每个字符都有一个对应的7位二进制码，共有2^7=128个不同的符号。ASCII码的128个字符中，有52个字母（大小写各26个）、10个阿拉伯数字，还有标点符号和空格，共96个字符是可以打印显示的，另有32个是控制符，包括常用的LF换行、CR回车、BS退格等。

ASCII码最初是作为数据传输使用的，当时的数据传输大多采用8位一组，包括一位校验位，只有7位是数据位。而在计算机内部使用时，每个字符都是使用8位二进制数表示，就把最高位都设为0，后面7位对应ASCII码表中的二进制数。使用8位二进制数可以表示256个字符，其中最高位为1的128个字符称为非标字符。

ASCII码是最常用的字符表示法，对应列表就不在这里列出了，感兴趣的可以在网上找到。

知识扩展

ASCII码中有32个控制字符，称为C0控制码，包括SOH标题开始、STX正文开始、ETX正文结束、HT横向制表、VT垂直制表、FF走纸控制等，明显就是控制电传打字机工作的控制符，这与当时以电传打字机为主要输出设备有密切关系。后来才采用CRT显示器为主要输出设备，目前则主要使用平板显示器作为输出。

在ASCII出现之前，IBM公司在1963年推出了EBCDIC码（extended binary coded decimal interchange code，扩展二进制十进制交换码），用于其公司生产的大型计算机中。这种编码延续了纸带时期打孔机使用的编码，但字母排列分为几段，编写程序比较麻烦。

技术说明

随着计算机向欧洲普及，为了表示欧洲使用的文字，就对ASCII字符进行了扩充，利用128个非标字符来表示，这就是ISO/IEC 8859。

ISO/IEC 8859包括一系列标准，从1 ~ 16（欠缺12），通过加入相应字母分别用于表示西欧、中欧、南欧、北欧等文字，后来又扩展到斯拉夫、阿拉伯、希腊、希伯来、土耳其、泰语等字母文字。ISO/IEC 8859中，扩充了32个控制码，称为C1，十六进制码位为80 ~ 9F（对应十进制128 ~ 159），这个标准系列中这部分编码大致相同。后面有96个字符，十六进制码位为A0 ~ FF（对应十进制160 ~ 255），这个标准系列中主要是这部分对应的字符不同。这个字符集中，经常见到的是ISO/IEC 8859-1、ISO/IEC 8859-2、ISO/IEC 8859-3、ISO/IEC 8859-4和ISO/IEC 8859-7，分别称为Latin-1、Latin-2、Latin-3、Latin-4和Greek，分别用于西欧语言、中欧语言、南欧语言、北欧语言和希腊语，世界语也可以使用Latin-3字符集。后来还有了Latin-5 ~ Latin-10，其中Latin-9对应ISO/IEC 8859-15，加入了欧元和法国、芬兰的一些字母符号，也用于西欧语言。

中国国家标准GB/T 15273中的5个标准就是对应ISO/IEC 8859的5个常用字符集，即Latin-1 ~ Latin-4和Greek，制定于1994—1996年。

3. 汉字区位码

ASCII码只能用于表示拉丁字母、数字等，汉字是象形文字，数量多且字形复杂，要在计算机中使用曾被认为是一个很大的难题，但中国的计算机研究人员很好地解决了这个问题，并在1980年发布了GB/T 2312，其中GB是国家标准的拼音首字母。

GB/T 2312中收录了一级汉字3755个，二级汉字3008个，还有682个符号（包括拉丁字母、希腊字母、日文平假名及片假名、俄语西里尔字母等），共有7445个字符。GB/T 2312中规定，汉字及符号组成94×94的方阵，也就是有94个区，每个区有94个位，其中每个符号都占用一个位，并用对应的区号和位号来表示，因此称为区位码。94×94的方阵共可以存放8836个字符，还有1391个预留，可用于自定义字符。

在使用二进制表示时，为了区分这么多字符，就使用了2字节（2×8位），即16位二进制数，理论上可以表示2^{16}=65536个字符。实际上因为要避免与ASCII码冲突，表示汉字的两字节的最高位都设为1，就是利用ASCII码中的非标字符空间来表示汉字。

知识扩展

GB/T 2312虽然收录了汉字中主要的常用字，但繁体字、古文字及一些罕见字则无法显示使用。GB/T 2312的94×94方阵预留了很多空间，而且为了避免与ASCII码冲突只需要前一字节的最高位为1即可，后一字节的最高位不为1又可以有更大空间用于存储汉字，这就出现了汉字内码扩展规范（GBK）。GBK中共收录汉字21003个、符号883个，并提供了1894个造字码位，简、繁体字都包括，并兼容GB/T 2312。GBK并非国家正式标准，只是国家技术部门发布的"技术规范指导性文件"，在Windows系统中称为CP936（代码页936）。

技术说明

GB/T 2312中的每个汉字及其他符号，都有一个4位的十进制数表示的区位码，其中前两位为区码，后两位为位码，合称区位码。使用十进制的区位码只是为了适应人的习惯，其实区码和位码都对应一个十六进制数，分别使用一字节表示。把这个十六进制的区码和位码都分别加上20H（H后缀表示是十六进制数），这样就得到对应字符的国标码。

　　国标码可能与ASCII码产生冲突，让计算机无法分辨，就将其两字节的最高位都变为1，也就是加上128（80H），这样就产生汉字字符的机内码，机内码是汉字在计算机中存放的代码。因为ASCII码只使用最低的7位二进制位，最高位都为0，而汉字的机内码最高位都为1，计算机就可以区分出来了。

　　计算机中使用汉字一般是使用输入法软件，这种软件根据键盘动作转换为对汉字字符的选择。选定某个汉字后，就把对应的机内码存入计算机。

　　早期的一些来自西方的字处理软件，虽然经过了汉化可以处理汉字，但底层逻辑还是一字节一字节地读取显示，而汉字则是两字节为一组，就会出现使用删除键后显示乱码的现象，需要使用两次删除键才正常。而中国人编写的字处理软件，就考虑了两字节表示一个汉字的特点，删除时就不会出现这种问题。当然，现在来自国外的字处理软件，很多也考虑了汉字字符的特点，大多已不会出现使用删除键后乱码的现象。

4. Unicode码

　　通过将表示字符的二进制码的最高位用1，可以避免与ASCII码冲突，就可以在计算机上使用双语，也就是拉丁字母和本国文字，各个非使用拉丁字母的国家基本都是这样做的，但却不能显示更多的语言文字。为了支持多语言，也为了将世界上更多的文字等字符用于计算机领域，就推出了Unicode，也称统一码。

　　前面已经说过，使用2字节来表示字符，可以容纳65536个，在Unicode中就称为基本多文种平面（basic multilingual plane，BMP），简称为"零号平面"（plane 0），这些字符已经可以容纳世界上所有语言的大部分文字了。但为了将世界上所有现今及古代的文字符号一网打尽，又进行了扩充，最多可以容纳1114112个文字符号，估计未来几百年都填不满。

　　这些Unicode容纳的字符被称为通用字符集（universal character set，UCS），使用2字节表示的为UCS-2，扩展的为UCS-4。不过目前的计算机系统大都未能支持全部的Unicode字符集，何况字符集也在不断扩充。

　　为了适应国际上的多语言趋势，中国推出了GB 18030国家标准，标准中采用单字节、双字节、四字节方式表示所有的中国文字及字符符号，其中单字节对应128个ASCII编码，双字节的21003个文字及符号对应GBK编码，四字节表示的文字及符号有49241个。GB 18030中，除了ASCII编码外，还有70244个各种文字符号，包括了少数民族文字字符，支持GB 18030标准就可以同时使用汉语及少数民族语言文字了。或许不久后，古代的甲骨文、金文、蝌蚪文、篆字等，所有出现过的文字符号也都可以在计算机中使用。

5. 字库与显示

使用电传打字机作为输出设备时，每发出一个字符代码，打字机就会把对应的字模敲击到纸张上，字模上的字形就会在纸上显示出来。后来出现了针式打印机，还有喷墨、激光等多种打印方式，不再有字形轮廓的字模，就设计了表示字形的字库。使用显示器时，也需要使用表示字形的字库才能把字形显示在屏幕上。

字库主要分为点阵字库和矢量字库两种，最初在DOS（磁盘操作系统）等字符系统中使用的是点阵字库，相对比较简单。

图3-5是字母A的5×7字模，显示部分（灰色区）为5列7行，用对应位置区块的黑或白来表示一个字符，这种排列方式称为5×7点阵。把对应黑的位置用1表示，把对应白的位置用0表示，就转换为对应的二进制数。ASCII码为了能清晰显示并区分出其中的每一个字符，最小的就是5×7点阵，但为了计算位置方便，字库中存放每个字符是使用8×8。

在字模中，下面加入一行凑成8行，两边也各加入一列，就形成7×8的点阵，字符之间再加入1字节，就形成8×8的点阵，也就是使用8字节表示一个ASCII码。把很多字符的这种点阵数据集合在一起，就是点阵字库。当然也可以使用更大的点阵表示ASCII码，不过5×7就足够区分了。

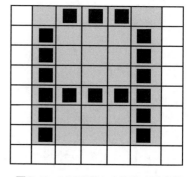

图3-5　ASCII码A字符的点阵字模

在打印机打印时，每遇到一个ASCII码，就会读取对应的点阵数据，点阵中对应1的位置就打印出颜色，对应0的地方就不打印，字符就出现了。显示时也根据ASCII码查找对应的点阵数据，对应1的地方就显示颜色，对应0的地方保持与背景色相同，字符也就呈现出来了。

因为汉字字形比较复杂，为了清晰显示并区分，一般使用的最小点阵是16×16，即每个汉字需要使用32字节表示，如图3-6所示。汉字最基本的字有3500个，最小也要使

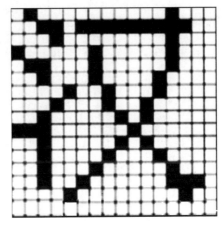

图3-6　汉字的16×16点阵字模

用超过110千字节的存储空间。要显示更大、更清晰的汉字，就要使用更大的点阵，也就要占用更多的存储空间，一些内存小的系统也就无法使用汉字。当然，目前这种存储空间已经不算什么了，但在个人计算机的早期，在刚出现汉字打字机时，并没有足够的空间存储汉字库，显示和打印汉字是一件有难度的事情。

有些计算机系统空间很小，为了使用汉字给客户一个友好的界面，一般不会装入完整的汉字字库，用哪几个汉字就存入哪些，如果使用的数量较多，也有一种12×12点阵的小字库可以选用，但笔画较多的字就不够清晰。早期的中文DOS系统，是带有一些点阵字库文件的，不过现在都已是图形界面，这种点阵字库也不容易见到了。

知识扩展　点阵字体放大后容易出现锯齿或模糊现象，要清晰显示较大的字，就只能用更大的点阵字。后来出现了矢量字体（vector font），其中存放的已经不再是对应的一个个点，而是使用数学曲线来描述的参数，包含了字形边界上的一些关键点信息。矢量字体可以根据需要任意缩放而保持清晰，在图形界面中被普遍采用，现在的打印机也都使用矢量字体。

矢量字体最早是Adobe公司在1985年推出的PostScript，这是一种商用字体，要付费使用。1991年，Apple公司与Microsoft公司联合提出TrueType矢量字标准，用于自己的软件系统中，Windows系统中一般都是TrueType。同时使用两种矢量字体会带来兼容问题，1995年Adobe公司和Microsoft公司开始联手开发一

种兼容两种字体的OpenType。

Windows字库目录中，点阵字体的扩展名是fon，矢量字体扩展名为ttf、ttc。

使用矢量字体，显示时就要用软件读取矢量字库中对应的字符信息，然后使用显卡转换为显示屏上对应各个像素点的颜色，这是很复杂的操作，要使用显卡中的GPU来实现。提到GPU，对目前热门的人工智能有所了解的读者可能听到过这个词，在本书的最后一章会作简单介绍。

技术说明

对于拼音文字，字符比较少，相应的打字机发明得就比较早。出现了小体积的计算机后，又出现了电脑打字机。美国的王安公司（Wang Laboratories）就因出产西文电脑打字机而闻名，这种打字机迅速替代了早期的机械式打字机，王安公司也一度实现了年收入30亿美元，员工超过33000人。

对于汉字这种象形文字，常用字有2500个，次常用字有1000个，如果设计普通打字机就需要体积庞大的键盘，还要有数量庞大的对应字模，难以设计也难以使用。自从出现了计算机，也出现了实现中文打字机的契机，一些技术人员从研究西文电脑打字机入手，通过加入中文输入法、中文字库等，使用简单的西文键盘就可以实现中文的输入和显示。

当时的打印机主要为针式打印机，西文打印一般使用9针的打印头，适合输出字形简单的字母，日本为了能打印出日文中的汉字已经设计出了24针的打印机，这被中文打字机所采用。中文电脑打字机一经推出，就受到市场欢迎，当时创造了几十亿元的产值。

随着技术的发展，人们已经不满足于功能单一的电脑打字机，更青睐功能多样的个人计算机。个人计算机通过外接打印机并有字处理软件的支持就能实现打字机的功能，还能实现更多其他的功能。

第四章
数字电路

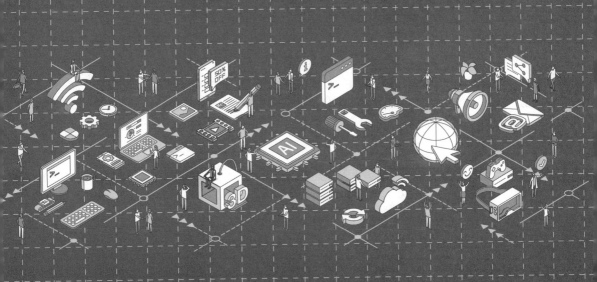

一、数字信号与数字电路

最初研制的晶体管主要用作信号放大器（amplifier），但计算机中使用的晶体管则有所不同，是一种电子开关，这种电路是数字电路（digital circuits）。

1. 模拟信号与数字信号

自然界的各种状态，比如光线的明暗变化、声音的高低变化等，一般都是幅度连续的，转换为对应的电信号也是幅度连续的，这是对自然界相应信号的模拟，称为模拟信号（analog signal）。图 4-1（a）就是模拟信号。

数字信号（digital signal）与模拟信号不同，其幅度只有有限的几种，而且不是连续的，最常见的是只有两种，对应二进制数字，图 4-1（b）就是数字信号。

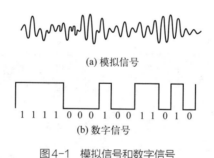

(a) 模拟信号

1 1 1 1 0 0 0 1 0 0 1 1 0 1 0
(b) 数字信号

图 4-1 模拟信号和数字信号

2. 模拟电路与数字电路

对应于模拟信号与数字信号，也就有相应的电路，分别称为模拟电路（analog Circuits）与数字电路。模拟电路的输入和输出都为模拟信号，也即信号幅度都是连续的。而数字电路的输入和输出一般都为数字信号，也即信号幅度都只有几个值，目前大多数为两个值。当然也就有模拟信号转为数字信号及数字信号转为模拟信号的相应电路，实现两种信号之间的变换。

在电子技术的发展初期，主要是使用各种模拟电路，如把声音信号进行放大的音响放大器、把图像信号放大的电视接收放大器等，甚至还出现过模拟计算机。不过，随着对数字信号处理（digital signal processing）技术的研究，目前各种应用都在转向使用数字技术和数字电路。

知识扩展

　　其实在模拟与数字电路之外，还有脉冲电路（pulse circuits），有些书籍把脉冲电路与数字电路合并，合称为脉冲与数字电路。脉冲电路类型也很多，如多谐振荡器、单稳触发器、锯齿波发生器、施密特触发器、迟滞比较器等，每种又有多种实现方式。

技 术 说 明

　　从20世纪30年代开始，就有人开始研制模拟式计算机，并用于火炮指挥中。中国在20世纪50年代也研制了模拟计算机。

　　半导体技术出现后，为了建造模拟计算机设计出了很多电路模块，如运算放大器、模拟反相器、模拟加法器、模拟乘法器、指数放大器、对数放大器、微分放大器、积分放大器、函数发生器等，使用模拟计算机可以解算微分方程和偏微分方程。但模拟计算机的计算精度与所用元器件的误差关系很大，要得到精确的结果就要使用非常精密的元器件，制造难度很高，后来就被数字计算机所替代。

　　不过，最初用于模拟计算机的运算放大器等元器件则延续了下来，在一些模拟电路中还在大量使用。现实中还有使用模拟技术的控制设备，如PID算法仍在一些工业控制领域发挥着作用，但随着数字技术的发展，已经出现数字方式实现的PID算法。

二、逻辑门与数字电路模块

　　有了二进制的布尔计算方法，就可以使用晶体管来实现基本的二进制逻辑运算，一般称为逻辑门（logic gate）电路，简称门电路。在这种数字电路中晶体管起到了电子开关的作用。

1. 晶体管开关电路

　　在晶体管组成的数字电路中，晶体管一般是作为电子开关使用，这时可认为只有截止和导通两种状态，并要使两种状态之间的过渡尽量短暂。图4-2电路中的晶体管，在适当选择外围器件值后，就可以认为其工作于开关状态。其中图4-2（a）是实际的BJT电路，图4-2（b）为等效的开关电路。

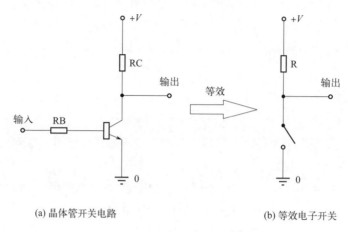

(a) 晶体管开关电路　　　　　　　　　(b) 等效电子开关

图4-2　单晶体管开关电路

当输入信号为对应于逻辑0的低电压时，晶体管截止，相当于电子开关断开，输出接近于正电源电压，认为是逻辑1。当输入信号为对应于逻辑1的高电压时，晶体管导通，相当于电子开关闭合，使输出接近于零电压，认为是逻辑0。可见，这种晶体管开关电路，输入只有两种幅度，输出也只有两种幅度，是一种数字电路。

在图4-2的电路中，输入0时输出1，而输入1时输出0，其实是一种逻辑非的关系，这是一种简单的非门。非门电路，输入高时输出低，而输入低时输出高，也就是输出与输入相反，也常称为反相器（inverter），这是数字反相器。实际应用中也会使用单个MOSFET替代BJT，组成的反相器的工作原理类似。

也可以使用两种增强型MOSFET组成非门电路，如图4-3（a）中，上面接正电源的是P沟道增强型MOSFET，而下面的则是N沟道增强型MOSFET，二者组合形成反相器。当输入为逻辑0的低电压时，P沟道的MOSFET导通，而N沟道的MOSFET截止，输出为接近正电源的高电压，即输出逻辑1。输入为逻辑1的高电压时，P沟道的MOSFET截止，而N沟道的MOSFET导通，输出为低电压，即输出逻辑0。

图4-3的电路中使用了P沟道和N沟道两种类型的MOSFET，二者是互补的，这种电路称为互补金属氧化物半导体（complementary metal oxide semiconductor，CMOS）电路。因为图4-3（a）中的P型和N型MOSFET的符号绘制比较麻烦且差别不明显，在CMOS电路芯片图中往往使用图4-3（b）的对应符号来表示。

图4-3 互补晶体管反相器电路

最早使用的MOSFET电路大多使用N沟道增强型MOSFET，简称NMOS，或使用P沟道增强型MOSFET，简称PMOS，只在必要的地方使用另外一种类型。后来发现CMOS电路虽然有时需要更多的晶体管，但性能方面有很多优势，特别是功耗比较低，在芯片制造方面逐渐被广泛采用。上述反相器电路就是被广泛采用的一种CMOS电路，很多芯片中的反相器就是这种结构，在一些CPU电路中也常用于时钟产生电路。

以晶体管开关为基础就能组成多种晶体管数字电路。

知识扩展

一个晶体管加上外围电路可以组成一个非门，在非门前面加上二极管组成的"与"电路就组成与非门，使用多个二极管能实现多输入的与非逻辑，如图4-4所示。

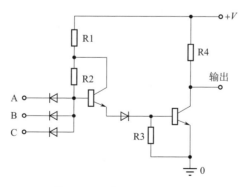

图4-4 一种DTL与非门电路

图4-4的电路中使用了独立的晶体二极管和晶体三极管，称为

二极管-晶体管逻辑（diode-transistor logic，DTL）。使用二极管和晶体管还可以实现其他种类的逻辑电路，对技术感兴趣的可以参考相关资料去了解。

技 术 说 明

　　开关工作时的晶体管，截止时电流接近于0，导通时电压接近于0，消耗功率都很小，特别是使用CMOS电路结构时，两只互补的MOSFET轮换导通和截止，可以认为不耗电。在高低转换过程中，上面会有一定的电压，也有一定的电流流过，会消耗一些功率。随着电子开关工作速度的提升，CMOS电路的功耗也在增加，一些电路要通过降低工作电压来降低功耗。

　　晶体管数字电路一般耗电比较小，适合把大量开关工作的晶体管缩小体积，做在一块很小的硅片上，也就是大规模的集成电路芯片。

　　模拟工作的晶体管，一般都是工作在导通与截止之间的线性状态，上面会有一定电压，也有一定的电流流过，需要消耗较大的功率，模拟工作的晶体管就不能做得太小，一片硅片上只能制作不多的晶体管。

2. 基本的门电路

　　因为有四种基本的逻辑关系，也就有对应的与、或、异或、非四种基本的逻辑门电路，图4-5为对应的电路符号。这是GB/T 4728.12规定的电路符号，标准中还包括其他一些常用的数字电路及模块的表示符号，这其实与IEC（International Electro technical Commission，国际电工委员会）标准是一致的。

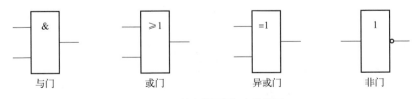

图4-5　基本的逻辑门电路符号

　　图4-5的电路符号是新的标准，还有一种旧版本的符号是过去常用的，有时在

一些旧电路图中也能看到，目前还在逐渐替代中，如图4-6所示。新旧两种逻辑门电路符号有对应关系，只是外观上有一些差异。

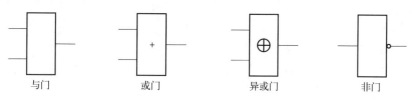

图4-6 旧版的逻辑门电路符号

其实，国外还常使用另外一套逻辑门电路符号，在基于国外的电路图中常能遇到，如图4-7所示。一些国外的电路图绘制软件就常用这种符号，这其实是电气和电子工程师协会（Institute of Electrical and Electronics Engineers，IEEE）的标准。

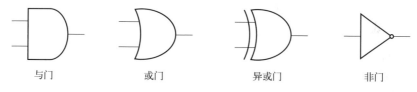

图4-7 国外常用的逻辑门电路符号

三套逻辑门电路符号不要混用，一份电路图中要使用同一套符号，建议优先选择最新的这套。

逻辑门电路其实是使用晶体管等电子元件组成的，具体的实现方法有很多，并有 DTL、TTL、NMOS、PMOS、CMOS等多种类型，使用时一般都是选用半导体厂商出产的逻辑门芯片，并不需要了解具体的构成方式。

早期的计算机设计者，还要使用晶体管来构建各种逻辑电路以实现复杂的逻辑功能，那时的计算机体积比较大，建造成本也比较高。目前已有大量的成品逻辑芯片，物美价廉，已经很难看到使用晶体管搭建的逻辑电路，偶尔遇到的也就只有反相器。

知识扩展

晶体管的类型比较多，通过晶体管组成门电路的方式也很多，开始出现的是使用二极管和晶体管的DTL电路。

到20世纪60年代，一些半导体厂家就开始生产标准化的通用逻辑门电路芯片，并逐渐扩展形成系列。比如知名的54/74系列，内部都使用双极型晶体管，称为晶体管-晶体管逻辑（transistor-transistor logic，TTL），使用5伏电源。为了降低功耗及提高转换速度，在此基础上还发展出74S、74LS等系列。

不久出现了CMOS技术，在此基础上发展出4000系列，工作电压比较宽，一般可以到3～15伏，耗电也比较少，但转换速度比较慢。随着半导体技术的发展，CMOS技术进步很快，采用这种新技术改造74系列产品，在引脚上保持一致而性能上有所提升，就形成了74HC系列。74HC系列逐渐替代了早期的一些产品，在大多数场合被采用。

为了适应目前高速电路及低电源电压的应用场景，74系列又发展出了AHC、AUC、LV、LVC、ALVC等系列，在一些半导体公司的网站中可以查询到各种的逻辑电路产品及相应的规格参数。

技术说明

前面介绍了加法器可以使用异或门和与门来实现，使用逻辑门电路表示见图4-8。

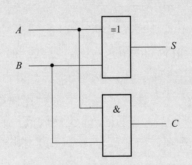

图4-8 半加器的逻辑门实现

这个电路有两个输入和两个输出，其中一个输出为本位的值 S，使用异或门实现，另一个输出为进位 C，使用与门实现，这个电路被称为半加器。

3. 专用功能模块

前面介绍了一位的二进制数加法的逻辑实现，这种加法没有考虑前一位的进位，被称为半加器（half-adder）。如果不是最低位，要计算前面的进位，就要使用全加器（full-adder）。全加器的实现方法有很多种，这里不考虑其内部结构，只使用一个符号来表示，如图4-9所示。

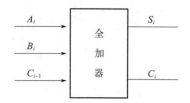

图4-9　全加器功能模块

图4-9中，A表示一个二进制数，B表示另一个二进制数，S表示本位的结果，C则表示进位的结果，这些输入输出都有一个下标，i表示这是二进制的第i位，$i-1$表示是前一位。这种全加器，用于很长的二进制数中的其中一位进行二进制加法计算，把多个这种全加器拼接起来，就可以进行相应长度的二进制数之间的加法。

这种表示法中，把实现的功能写在方框中，而不考虑其内部的具体结构，称为框图。我们把这种具有特定功能的电路称为电路功能模块，不仅有全加器，还有存储器、计数器、译码器、缓冲器、移位寄存器等。其实还可以细分，有不同的存储器、多种计数器和译码器，数字电路课程中一般会有比较深入的介绍。计算机中就有多种存储器，CPU中也会有计数器、移位寄存器、译码器等电路。

这些有特定功能的模块内部也是由很多基本的逻辑门组成的，而逻辑门则是由晶体管等元件来实现的。设计电路时，现在并不需要从一个个晶体管开始设计，而是使用相应的功能模块去搭建，这种方式可以节省大量的时间和精力。

技 术 说 明

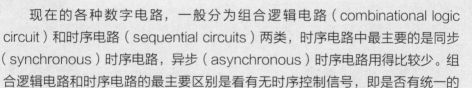

现在的各种数字电路，一般分为组合逻辑电路（combinational logic circuit）和时序电路（sequential circuits）两类，时序电路中最主要的是同步（synchronous）时序电路，异步（asynchronous）时序电路用得比较少。组合逻辑电路和时序电路的最主要区别是看有无时序控制信号，即是否有统一的时钟。

各种数字电路一般都是由逻辑门构成的，逻辑门又由晶体管开关构成，有开关就会有转换时间，并产生一些延迟。如果逻辑门比较多，不同的逻辑门因为转换时间的差异，就会出现一些瞬间的异常输出，虽然很短暂，但也可能造成逻辑错误，数字电路中称为竞争和冒险。为此，就出现了同步时序电路，所有的电路模块都由统一的高低不断转换的时钟脉冲控制。时钟信号如图4-10所示。

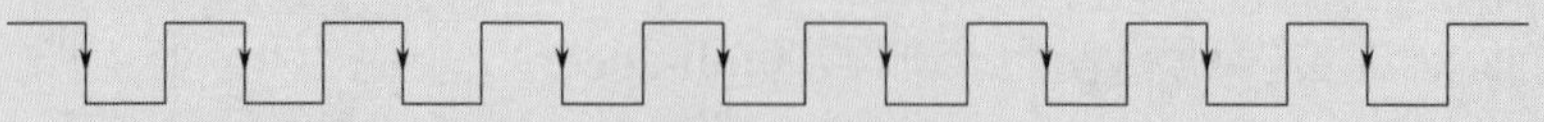

图4-10 时钟信号

所有电路的转换因受到时钟信号的控制，瞬态的异常信号就可以被略过，使电路运行更加稳定。目前的CPU等比较复杂的数字电路系统都有一个时钟信号，称为主频，有的是内部产生，有的则需要外部输入。芯片内部一般还有时钟相关电路，将这个时钟分频、倍频，形成多种时钟控制信号，用于使芯片中的各个功能模块协调工作。这个时钟频率越高，电路运行速度一般就会越快。

4. 信号转换与数字信号处理

由于出现了功能强大的数字电路，能实现对数字信号的复杂运算和处理，目前对于声音、图像等模拟信号，一般都是先经模数转换（analog-to-digital conversion, ADC）电路变为数字信号，然后编码、存储或传输，需要输出时，再使用数模转换（digital-to-analog conversion, DAC）电路把数字信号转换为模拟信号。

我们的手机对声音的处理就是如此，如图4-11所示，先用麦克风（microphone, MIC）拾取声音转换为模拟的声音信号，接着使用ADC电路变为数字声音，经数字电路压缩编码，存储为数字音频（如MP3等格式）或经手机无线通信模块发射出去。而手机接收到的数字声音信号，或存储的数字音频（如音乐、歌曲等），经数字电路解码，再经DAC电路变为模拟音频，然后通过喇叭或耳机播放出来。

图4-11 声音从模拟信号转换为数字信号再转换为模拟信号

之所以要经过这么复杂的转换，是因为数字信号与模拟信号相比有很多优点，如抗干扰、容易压缩和加密等。比如，如果模拟声音直接传输，距离越远声音就会越弱，为了避免减弱后听不到声音就要经过多次放大，这个过程中就会混入各种干扰，而且难以消除，到了一定距离就会听不清原来的声音了。如果在声源附近就转换为数字声音，数字信号只有很少的几种幅度，较小的干扰就无法造成影响，传播很远也容易保持原信号不变，即使出现比较强的干扰也比较容易发现并去除，因此手机通话的对方即使距离很远听到的声音都如同近在眼前。

过去的有线电视传输的也是模拟信号，用户只能收到很少的几个频道，而且一些频道可能看不清图像。现在使用机顶盒的电视都已改用数字视频传输，同样的电缆可以接收到几十甚至可能上百个频道的信号，也都非常清楚。

目前数字电路已经变成主流，无论对声音、图像还是视频等，一般都转换为数字信号进行存储、传播，过去使用模拟信号的收音机、磁带录音机、胶片照相机、磁带录像机等则随之没落，新型的照相机、摄像机都已改用数字存储方式了。

知识扩展

计算机中的图像、声音、视频等也是使用二进制表示。但图像和音视频的模拟信号转换为数字信号后，一般都要占据较大的存储空间，特别是幅度较大的图像和时间较长的音视频，容量惊人。为了节省存储空间，在计算机中一般都是经压缩编码后再存储或传输，压缩后的容量为原来的十几分之一，甚至几十分之一。

图像目前主要使用JPEG、PNG等格式，声音目前最常见的是MP3格式，而视频文件多以mp4为后缀，实际编码方法则从H.264向H.265、H.266发展。只有幅度比较小的图像不压缩，比如图标（icon），非常短的提示音是不压缩的wav格式（wav也有压缩格式）。这些压缩文件格式非常复杂，像H.264的知识就能写一本书，对此感兴趣的可以查找相关专业资料。

为了输出图像、音频、视频，就要先把这些压缩的文件解码，也就是还原为未压缩的编码，然后呈现出来。不过对于音视频，并不是一次全部解码，而是按时间序列随用随解码，只解码目前需要播放的那部分，避免占用太多内存。

除了上面介绍的常用格式，图像及音视频格式还有很多，比如知名的照相机厂家都有自己独特的图像格式，有些格式只有使用厂家提供的软件才能打开显示，一般称为RAW格式。还有一些知名的图像处理软件，如Adobe Photoshop，有自己定义的图像文件格式，但一般都会提供格式转换功能，方便转换为通用格式。

对于目前的计算机显示器来说，图像最终都是使用真彩色方式呈现，其中每个像素点都使用4字节的二进制数表示，共32位，各字节分别为红、绿、蓝三基色和透明度，在与颜色相关的编程中经常会用到。

技术说明

把模拟信号变为对应的数字信号，一般需要经采样、量化、编码等几个过程。其中，需要提到的是美国物理学家哈利·奈奎斯特（Harry Nyquist），他在1927年提出了奈奎斯特采样定理，以信号最高频率的两倍以上的采样率对模拟信号进行采样，就可以在接收端准确地恢复原信号，而不会产生损失，这个采样间隔就被称为奈奎斯特间隔。

如图4-12所示，经过采样的模拟信号，在时间上不连续了，但在幅度上还是连续的，需要经过模数转换电路，把幅度变成对应的数字值，一般为二进制数值，再经过适当的编码，就成为对应的数字信号，此后就可以进行数字信号处理了。

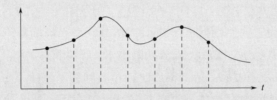

图4-12　模拟信号的采样

在音频中，为了听清楚人说的话，一般采用8000赫兹采样率，也就是每秒采样8000次，然后量化编码为8位的二进制数，码率为64千比特每秒，这是固定电话数字交换机采用的格式。而为了保有较好的音质，对音乐歌曲一般使用16比特每44.1千赫兹，其中采样率为44.1千赫兹，即每秒采样44100次，每次采样的值用16位二进制数表示，使用立体声则有2个通道，合并计算得到1411千比特每秒，这是一种较高的码率，可以称为"无损"音乐。但追求音乐品质的人仍然觉得不够满意，现在提出更高的采样率及更多的编码位数。上面介绍的都是未经压缩的码率，采用不同的压缩算法产生的码率会有差别，一般来说算法越复杂压缩比越高。

数字信号处理在过去几十年间发展很快，依赖这些研究成果，使音视频存储及通信的数字化有了理论基础。

5

第五章
芯片

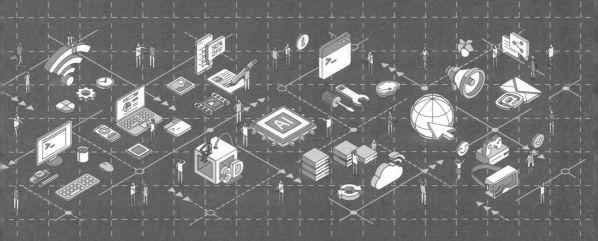

一、芯片的发明

芯片，是现在媒体上很受关注的一个词语，不过什么是芯片，看法并不太一致。有人认为手机的CPU和计算机的CPU是其设备的核心，因此是芯片，但也常能见到电源芯片、存储芯片等的说法。其实，芯片指集成电路（IC）的核，是加工完成后切割出来的亮晶晶的一个个小块，在其外面包裹上保护层并加上引脚结构就是完整的集成电路。但目前大多数情况下，笼统地将集成电路称为芯片。

本书中将芯片作为集成电路的同义词，有时为了强调是没有外部保护的芯片核就称为芯片裸片。芯片也是20世纪最重要的发明之一，发明者杰克·基尔比（Jack Kilby）获得2000年的诺贝尔物理学奖。

1. 芯片的缘起

晶体管不能单独起作用，要与外围的电阻、电容等一些器件组合才能构成具有一定功能的完整电路。这些器件之间需要可靠地连接在一起，连接点也是容易出现故障的地方。当电子设备越来越复杂时，就需要使用大量的晶体管，并要与外部器件进行大量连接，一些晶体管计算机使用的元件量有数万个，连接点有几十万。像图5-1那样的繁杂连线，看起来都让人头疼，更何况制作和检修，电子设备的整机制造商有减轻劳动强度、降低制造成本和提升设备稳定性的需求。

图5-1 早期的电子设备

第一台使用晶体管的计算机TRADIC使用了684个晶体三极管，而目前的计算机只是CPU就需要上亿个晶体管，不再可能靠人力一个一个地连接起来。而且，晶体管的管芯部分体积很小，需要加上外壳保护，还要有引脚便于连接，这就使整个体积增大了很多倍，成本也增加了很多。

2. 芯片初现

在电子电路中，有很多具有特定结构和功能的部分，比如信号发生器、逻辑门电路、存储器等，只需要批量制造出这些模块，再将模块进行组合，就能将电子产品的设计制作复杂度降低很多。1958年，在TI（Texas Instruments，德州仪器）公司工作的杰克·基尔比在一片锗片上制作出了世界上的第一块芯片，次年申请了专利。

不久，仙童公司的罗伯特·诺顿·诺伊斯（Robert Norton Noyce）设想并实现了在一片硅片上制作出一个模块电路所需要的所有元件，然后在上面沉积一层金属，并加工制作成导体连线，使之成为一个功能完整的电路，也为此技术申请了专利。

芯片就是将晶体管、电阻、电容等多种电子元件制作在一片作为基底（substrate）的半导体薄片上，并加工出连线，然后加上防护外壳及外部引脚，形成的具有特定功能的一种器件，如图5-2所示。

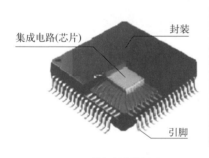

(a) 芯片与封装的刨面　　　　(b) 预制的芯片封装

图5-2　芯片与封装

知识扩展　　基尔比发明的芯片见图5-3，这是一个带有电阻电容反馈的单晶体管振荡器（oscillator），整个电路制作在锗片上，只有5个元件，再用胶水固定在玻璃片上，元件之间是用细导线相连，非常简陋。其实世界上很多首创的发明，开始都是比较简陋的，经过后来的不断地改进和发展，才变得复杂和精致。在西方文化中，首创最重要，外观及形式怎样并不重要。你想到了、做到了，而他人没想到、没做到，这就是首创。

据一些资料，基尔比也曾想在硅片上制作芯片，但因为当时并未掌握相关的技术而无法实现。仙童公司此时已经掌握了在一片硅片上制作出很多很小的晶体管的技术，离开肖克利并参与创办仙童公司的诺伊斯就是采用这种技术制造出了硅基的芯片，而且不再使用TI公司的那些器件之间的细导线，便于批量加工制造。

图5-3 最初的芯片

因为TI公司与仙童公司都申请了相关专利，两家公司此后为芯片的发明权展开了诉讼，后来法院裁定基尔比获得发明权，而诺伊斯的方案被认为是"适合工业生产的技术"，二者是并行独立的发明，两家公司也达成了专利的交叉许可协议。目前的芯片，基本都是在诺伊斯的方案基础上发展起来的，大都是使用硅片。

后来还发展出把几片制作好功能的芯片裸片放在一起并连接，然后统一加上外壳和引脚的结构，称为多芯片模块封装（multi-chip module，MCM）。还有一些芯片，内部并不都是半导体元件，还包括薄膜、厚膜技术制作的电阻等其他元件，也封装在一体，称为薄膜或厚膜集成电路。随着技术的发展，目前芯片的形式更加多样。

基尔比是在发明芯片40多年后的2000年获得诺贝尔物理学奖，此时诺伊斯已经去世。如果诺伊斯在世，或许有可能同时获奖。

在芯片发展的初期，其实技术比较简单，进入门槛也比较低。随着客户需求的不断提高，也为了超过竞争者，就要不断提升技术水平。经过半个多世纪的发展，有一些类别的芯片就有了非常高的技术门槛，这是技术逐渐积累的结果。

二、芯片的设计及加工制造

因为目前的芯片绝大部分是在硅晶体片上加工制作出来的，这里只简略介绍硅芯片的加工制造过程。

1. 晶圆制造

硅在地壳中含量很高，被认为是仅次于氧的储量第二的元素，不过地壳中的硅基本都是以化合物的形式存在，主要是二氧化硅和硅酸盐。沙子的主要成分就是二氧化硅，可以说硅是从沙子中提炼出来的，不过为了方便提取纯度比较高的硅，需要比较纯的二氧化硅，比如石英砂。

从二氧化硅中提取硅使用的是化学的还原反应，这是粗炼，然后还需要精炼，才能形成比较纯的多晶硅（polycrystalline silicon）。硅中的杂质对半导体性能影响很大，而且加工芯片要使用没有缺陷的晶体结构，称为单晶硅（monocrystalline silicon）。一般都是制成单晶硅棒，便于加工使用。

获得的单晶硅棒经切片、研磨、清洗等过程，就得到一片片的硅片（silicon wafer），

图5-4　硅棒切片后形成的硅片

如图5-4所示，其纯度可达99.9999999%以上。当然，上面只是一个简略的说明，为了得到制造芯片需要的高纯度晶体硅片，过程是很复杂的。

目前加工芯片使用的硅片，直径主要为150mm、200mm、300mm，分别对应的是6英寸、8英寸、12英寸。6英寸的逐渐被淘汰，更多采用12英寸的硅片。

技 术 说 明

从化学原理上，只要使用比硅更活泼的元素，在高温环境下都可以通过还原反应将硅从二氧化硅中还原出来，比如实验室中就常使用镁粉。不过对于工业化生产来说，还要考虑成本及从反应后的混合物中方便提纯，现在主要使用工业中易于获取的碳，如焦炭。不过这样获取的硅纯度比较低，是粗炼。然后要把粗炼获取的硅再与氯化氢（HCl）气体反应，生成三氯氢硅（$SiHCl_3$）和氢气，在高温环境下沉积就形成99.99%纯度以上的颗粒状的硅砂，这是多晶硅。

为了制作单晶硅棒，要把硅砂加热熔融，以一个纯净的硅晶体作为"种子"（籽晶），放入熔融硅中，不断旋转并缓慢上升，就会逐渐长成一根硅棒，这称为"提拉法"，如图5-5所示。

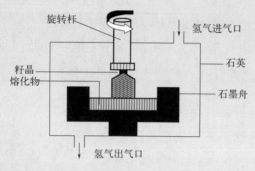

图5-5　提拉法制作单晶硅棒

"提拉法"是比较常用的制造单晶硅棒的方法，还有其他一些方法。三氯氢硅在芯片制造中也常使用，主要用于外延工艺，即在硅基片表面生长出很薄的晶体硅层，便于后续的加工。

2. 设计芯片图纸

要制造芯片，需要有加工用的一套图纸如图5-6所示。早期芯片的图纸是采用手绘，随着芯片越来越复杂而计算机性能越来越强大，现在的芯片图纸都是使用计算机软件设计的。

一片芯片，一般会按功能分成很多模块，而每个模块则可能细分为更小的功能模块，不过最终都要使用晶体管等元件来具体实现。这样，一片芯片的设计就可能分为几个层次，先用晶体管等元件实现一些基本的功能模块，基本的模块组合形成上层

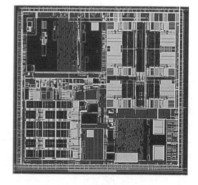

图5-6　一种芯片的设计图

的模块，最后是组成总体的芯片结构，越是复杂的芯片层次越多。

一个比较复杂的芯片也不是一个设计者完成的，而是分工合作的结果。如果之前有验证过的成熟的功能模块可用，就不用从最基础的晶体管来设计，会大大降低设计的复杂度，也减少设计时间，成功的可能性会提高很多。如果芯片只是在原先型号上的升级，就只需要修改一部分，复杂度及难度都比从头开始设计要降低很多，有此前的技术积累就能占有先机。

最终获得的完整图纸，是一个个晶体管等元件及相互之间的连线。不过这种图纸并不能直接用来加工芯片，需要用计算机软件产生加工过程中每一步所需要的版图，并有相应的顺序标识，以便加工时依次使用。计算机软件中显示的图纸，会使用不同颜色来表示不同的层，这主要是为了方便人的观察，实际上每张版图只有明暗两个亮度，相当于二值黑白照片。

一般一块芯片占用的硅片面积比较小，一个硅片上可以通过纵横排列的方式放下多个芯片，这称为拼接或拼版。批量生产的芯片一般都是相同芯片的拼接，而对于研制过程中的芯片，有的芯片加工企业会将多款加工工艺相同的芯片进行拼接，一次加工的费用由多个厂家来分摊，研发企业就能降低一些成本。

3. 芯片加工过程

芯片的加工工序主要包括外延、氧化、扩散、沉积、光刻、刻蚀、离子注入、清洗等很多道工序，有的工序需要进行多次。产生的图纸中，晶体管数量是最多的，也是加工过程比较复杂的，加工顺序与具体的晶体管结构有关。

这里需要提到光刻和光刻机（如图5-7所示），并要用到光刻胶。芯片版图，其实是一些明暗的区块，表示哪片区域要被保留，而哪片区域要被去除。把光刻胶涂

图5-7 光刻机

覆一层，然后使用光刻机将对应的那层版图投影到光刻胶上，光刻胶被照射处成分改变，化学显影后不需要保留的区域就会露出，接着被化学药剂刻蚀掉。这个过程类似于胶片照相机，将版图影像投射到胶片（这里是光刻胶）上，其中的明暗就形成对应的影像。

最初的芯片，制作晶体管使用几十微米的精度。随着技术的进步，设计的晶体管占用面积越来越小，连线宽度也越来越窄，目前很多CPU和存储器已经使用10纳米以下的精度。为了表示这种制造的精细程度，称之为相应的制程，这是芯片加工技术水平的一个重要指标。

光是有衍射的，使用光刻技术进行加工，光的衍射会影响能分辨的最小宽度，这种影响与使用的光波波长有关，波长越短能分辨出的宽度也就越小。为了制作更加精细的区块和导线，就只能使用波长更短的光，目前已经使用到了极紫外光（extreme ultra-violet，EUV）。

技 术 说 明

芯片的加工过程根据使用的晶体管等元件的具体结构而有差别，对于图5-8结构的晶体管，大致的加工过程如下。

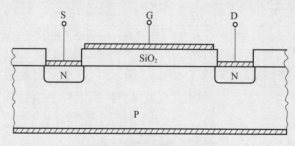

图5-8 一种晶体管的结构

首先要在高温环境下在硅片上生成一层二氧化硅薄膜，这是一层保护膜，二氧化硅是绝缘材料，可以把硅片上的各个部分分开。然后在二氧化硅薄膜上面涂上一层光刻胶，使用光刻机将对应晶体管区域的版图影像投射到光刻胶上，经显影后刻蚀掉这个区域的二氧化硅层，就把对应晶体管位置的硅裸露出来了，接着进行离子注入以形成下层的P型半导体。再生成一层二氧化硅，再涂光刻胶，这次利用版图中对应N区域的影像用光刻机投射到光刻胶上，显影刻蚀掉二氧化硅，就裸露出N区域对应的位置，用离子注入技术形成N型半导体，这样晶体管就制作完成了，然后要制作连线。

还是要生成二氧化硅层，接着涂上光刻胶，使用表示金属连接区域的版图，用光刻机投射到光刻胶上，显影后刻蚀掉对应部分，就露出要与金属连接的那些区域。这时使用金属沉积技术，将一层金属覆盖到表面上。再涂上光刻胶，把金属连线的版图影像用光刻机投射到光刻胶上，显影后刻蚀掉那些不需要连接部分的金属，留下的金属部分就是金属连线，这样加工就基本完成了。如果设计图比较复杂，金属连线比较多，一层连线实现不了，要使用多层连线，就需要再次制作绝缘层、光刻、显影刻蚀，直到完成所有层的金属连线。

对于一个个这样的分立的晶体管，就可以分别切割出来，形成一个个管芯。而对于芯片，则是多只晶体管等元件及连线组成的一个个功能单元，按边缘切割出来就成为芯片裸片。图5-9就是加工完成的硅片，可以看出上面具有一个个相同结构的轮廓，每一部分都是一个芯片核。

上述流程中，需要多次生成绝缘的氧化层、涂光刻胶、光刻、显影刻蚀，每次光刻都会使用一层对应的版图。由晶体管及连线构成的芯片设计图一般比

图5-9 加工完成后的硅片

较复杂，要用软件才能生成对应的版图。使用的晶体管类型及加工过程不同，生成的版图也会不同，这种版图也需要与芯片加工企业的工序流程相配合才能使用。

当然，上述流程已经非常简化，实际的加工过程非常复杂，是对技术要求很高的领域，而且要在无尘的环境中进行，粉尘颗粒落在芯片加工面上就会造成加工缺陷使芯片失效。

从上面的简单流程可以看出，无论多少只晶体管，其实是在一片硅片上按固定流程一次制作出来的。如果硅片面积较大，可以容纳较多芯片，就可以一次制作出更多片，这比多次制作的成本要低很多，目前已越来越多地使用表面积更大的硅片以降低成本，主流的是12英寸的规格。

如果设计图中使用一种类型的晶体管，无论多少，都可以采用一种流程一次全部制作出来，而如果使用多种结构类型的晶体管，就要增加一些工序流程，

使制作复杂度提升。在芯片设计中，多使用几只晶体管只是占用面积增大一点，加工难度并不会增加太多，而使用结构不同的很多种晶体管及其他一些元件才往往是加工难度和成本上升的主要因素。

4. 封装测试

制作出来的芯片裸片，一般需要加上保护外壳，并有与外部连接、方便用户使用的引脚，才算芯片成品。芯片的封装形式，目前也已标准化，大多会由专门的芯片封装厂来制作。一般是使用金丝、银丝、铝丝等，将封装上的对应管脚与芯片上留出的接合点连接起来，使其电路导通。当然，成品出厂前还需要进行功能测试，去除那些不良品。

知识扩展

芯片的封装也是有成本的。对一些廉价的产品，想降低成本，会直接使用芯片裸片，通过一种称为绑定的方式直接与印刷电路板上的铜箔相连，如图5-10所示，也就是让金属丝在超声波作用下通过与触点摩擦生热而熔接起来，有专用的带放大镜的绑定机来完成这项工作。绑定完成后，涂覆上一层环氧树脂，在烘箱中加热一段时间固化，经测试就可以出厂了。在一些廉价的电子产品中就会看到这种形式。

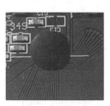
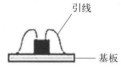

(a) 绑定芯片的外观　　(b) 芯片绑定示意图

图5-10　芯片的绑定

也有一些厂家，为了对一些设计进行保密，会购买具有某些功能的裸片，然后加上其他一些外围电路，再进行一体封装，形成一种定制的模块。因其结构紧密，难以完整拆解，就算拆解出来，也不清楚使用芯片的型号和功能，具有一定的知识产权保护效果。

5. 分工合作与芯片代工

目前芯片的加工制造领域分工很细，有的公司专做硅棒，有的专做芯片裸片的加工制造，有的则专做封装测试，形成产业链。

早期建立的芯片公司，比如TI、英特尔等，有从设计到生产的全流程，但这样建立公司投资大、周期长、风险高，新公司很难进入。后来一些公司只负责芯片设计，而把加工制造流程交给专业的芯片代工企业，如台积电（Taiwan Semiconductor Manufacturing Company，TSMC）、中芯国际（Semiconductor Manufacturing International Corporation，SMIC）等，逐渐形成一种趋势。目前新的芯片公司，绝大多数只负责设计及销售芯片，而不再建设芯片生产线，被称为无晶圆厂半导体公司，这使芯片行业的进入门槛大幅降低，芯片种类也就更加丰富。

知识扩展

中国台湾的半导体产业起步比较晚，1973年通过合并化工领域的研究所建立了工业技术研究院（工研院）。1975年工研院开始推动"积体电路示范工厂设置计划"，引进了美国RCA公司的CMOS芯片生产线，并选派留学人员到美国学习培训相关技术。工研院还通过引入美国半导体公司的华人雇员开发出了一些商用芯片，如电话拨号、声音产生及计算机周边芯片。

1980年，台湾工研院分拆成立台湾的第一家半导体公司联华电子（United Microelectronics Corporation，UMC），工研院的一些相关技术人员也加入公司。1987年，工研院与飞利浦公司合资成立台湾积体电路制造公司，即台积电，由从美国引来的工研院院长张忠谋负责管理。集成电路在台湾被称为积体电路。

台湾芯片的起点比较低，使用这类芯片的电子玩具、电子表、按键电话机等由设立在大陆的港资电子厂批量运往欧美市场，相关芯片公司以此获利，就有资金在技术上不断提升。此时一些民营企业也看到芯片行业的商机，开始投资这个领域，芯片公司逐渐增多。

台湾的芯片公司是商业运作，能紧跟市场。在个人计算机爆发期，台湾也建立起宏碁（Acer）、华硕（ASUS）等计算机公司。台湾的芯片公司适时研发出多款应用于计算机的芯片，包括串并口通信芯片、存储芯片、声卡芯片、网卡芯片、主板芯片组等，如瑞昱

（Realtek）公司的声卡和网卡芯片就被大量的计算机主板所采用，而华邦（Winbond）和旺宏（Macronix）公司的存储器芯片也很有名，威盛（VIA）公司还设计了芯片组和CPU。平板显示技术出现后，联咏（Novatek）等公司就研发出了显示驱动芯片，智能手机流行后联发科（MediaTek，MTK）则进入手机CPU市场。

由于台湾有如此多的半导体公司，再加上欧美公司的持续订单，台积电才有大量的芯片制造业务，能够在技术上不断升级，从开始时只有从美国引进的3英寸晶圆生产线发展到目前的世界芯片制造的最高水准。后来联华电子也放弃芯片设计转为芯片代工。

三、芯片的分类与封装

经过半个多世纪的发展，芯片的应用范围已经非常广，大至超级计算机、航天器，小到电视、空调遥控器，还有蓝牙耳机等，都离不开芯片。不知是否有人统计过芯片有多少种型号，估计到几十万这个量级，不过历史上的很多型号已经停产，也不断有新型号出现。

1. 芯片的分类

芯片有多少种类别？不同的分类方法也会有不同的结果。图5-11是产品线比较长的两家知名半导体公司网站的产品列表，其中绝大部分都是芯片。

一般来说，芯片可以分为模拟、数字和模拟数字混合三类，也可以从应用领域分类，包括音频、视频、射频、电机驱动、电源管理、处理器、存储器、光通信、逻辑电路、时钟等，类别非常多。芯片的型号，除了少数通用的，如工业标准的74系列/4000系列等，有比较一致的型号，其他大多数都是企业自定的，需要查找对应的公司网站才知道具体的功能及规格参数。对应于芯片，独立封装的单个晶体管、二极管等（也包括几个封装在一起的），称为半导体分立元件。

计算机中常用的芯片包括处理器（CPU）、存储器、逻辑电路、电压转换、接口、电源管理等类别，也经常需要音频、视频、无线连接等芯片。一些专用计算机设备中需要使用数据转换、传感器、隔离器件等芯片。

放大器 >	iButton和存储器
音频 >	Motor and Motion Control
时钟和计时 >	RF和微波
数据转换器 >	传感器与MEMS
DLP⁸ 产品 >	光通信和光学传感
接口 >	处理器和微控制器
隔离器件 >	嵌入式安全和1-Wire
逻辑和电压转换 >	工业以太网
	开关和多路复用器
	接口和隔离
微控制器 (MCU) 和处理器 >	放大器
	数模转换器 (DAC)
电机驱动器 >	时钟与定时
电源管理 >	模数转换器
射频 & 微波 >	电源监视器,控制器和保护
传感器 >	电源管理
开关和多路复用器 >	线性产品
	视频产品
	音频产品
无线连接 >	高速逻辑和数据路径管理

图5-11 某知名半导体公司网站的产品列表

2. 芯片的封装

我们看到的芯片，一般都是芯片的外部封装（packege），很少有人有机会看到内部的亮晶晶的裸片。为了避免外界粉尘、水汽等的影响，也需要考虑散热、焊接等需要，现在一般都是用塑料材质把芯片包裹住，特殊场合也有使用陶瓷等其他材料的。图5-12是一些常见的芯片封装外形。

如图5-13所示，芯片的封装过去主要采用DIP（dual inline-pin package，双列直插式封装）形式，这是一种插脚的结构，通过将芯片引脚插入到印刷电路板（printed circuit board，PCB）预加工的孔中，然后通过焊锡焊接来固定并使电路连接。现在流行安装密度更高且更方便的表面贴装技术（surface mount technology，SMT），芯片封装也就要采用表面安装器件（surface mounted devices，SMD）的类

图5-12 常见的芯片封装外形

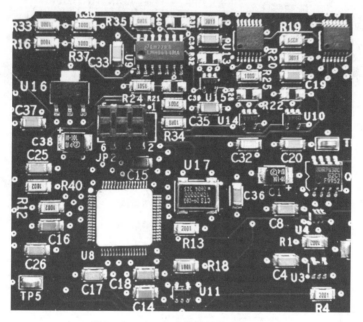

图5-13 PCB板上焊接的芯片等元件

型，包括SOP、QFP、QFN、PLCC等。而为了适应一些引脚较多芯片的需要，又出现了下部用焊锡球连接的BGA、PGA等形式。

有些芯片，其实内部功能是一样的，也就是裸片是相同的，但为了用户使用方便，也会使用多种封装形式，比如早期的使用DIP封装的芯片，现在大多都改用SMD封装。查询相应芯片型号的规格书，一般都会给出对应封装的名称及引脚功能说明。

芯片及晶体管等半导体元件为了提高安装密度，减小占用面积，会使用较小的SMD封装形式，因表面积太小，常常无法印上芯片或晶体管的完整型号，只能使用缩减的标识。这种标识，常被称为丝印，英文称为marking code。

芯片目前的封装材料，大多是环氧树脂，这是一种热固性材料，开始为黏稠的液体，通过加入固化材料或加热一定时间会变为固体并定型。环氧树脂密实、防水，能够很好地保护内部芯片的功能。

但在一些情形下，比如需要更好的散热或更高密封性能要求时，可能会使用陶瓷等其他一些封装材料，这些材料的成本会高一些。

四、数字电路芯片与计算机

开始设计的芯片，大多数是模拟电路，包括放大器、线性电源等，还有大量的收音机、磁带录音机、电视机、对讲机等的专用芯片。不过现在模拟芯片占比越来越小，发展最快的是数字电路芯片。

1. 数字电路芯片

数字电路芯片的出现，主要是为了满足电子计算机及数字控制设备的小型化及轻量化的需求，比如用于导弹、航天、航空等应用领域。20世纪60年代，美国的导弹和卫星等装备就使用了数百万美元的芯片，也促进了早期芯片技术的发展。

到20世纪60年代和70年代，一些半导体公司就已把一些常用的逻辑电路做成芯片出售，让客户能更容易地组合成计算机等相关产品。

计算机中，除了大量使用逻辑门外，还要使用很多存储器。在电子管计算机时代，计算机使用的存储器容量小而体积庞大，主要是汞延迟线及威廉姆斯-基尔伯恩管（Williams–Kilburn tube，简称威廉管），仅汞延迟线的冷却装置就有1吨重。后来出现了使用磁性技术的磁芯存储器，体积有所缩小，但磁芯存储器存储每个位都需要使用一个小磁环，每个磁环要加上一条导线用于读写，最初的磁芯存储器只有几百字节。图5-14就是一种磁芯存储器。

20世纪60年代，仙童公司和IBM公司分别制造出了晶体管组成的静态随机存储器（static random-access memory，SRAM）和动态随机存储器（dynamic random access

图5-14　磁芯存储器

memory，DRAM），很快开始替代体积庞大且昂贵的其他形式的存储装置，半导体存储器的生产就变成一些半导体公司的主要业务，如英特尔公司建立之初的主要产品就是存储器。不过随着一些日本厂商的加入，这个行业变得竞争激烈。

芯片自从出现，发展速度就飞快。1965年，在仙童公司任研究开发实验室主任的戈登·摩尔（Gordon Moore）总结出一个规律，芯片上可以容纳的晶体管数目在大约每经过18个月到24个月便会增加一倍，后来被称为摩尔定律。我们可以看到，在20世纪60年代末能加工出1024位的存储器就已是很大的成就，而现在已经到了8G位以上。与此同时，一片芯片上也从只容纳几个逻辑门，发展到可以容纳一个很复杂的完整功能单元。

不过摩尔定律其实主要是指数字电路芯片，模拟电路芯片就没有这么快的发展速度，20世纪60和70年代的一些放大器型号还在批量生产并被使用。

技术说明

使用图5-15（a）中的由两个晶体管与电阻组成的双稳触发器，就可以存储一位数据，存入后会一直保持，除非掉电，否则不会丢失。不过上述电路并不完整，没有写入数据及读出数据的电路部分。

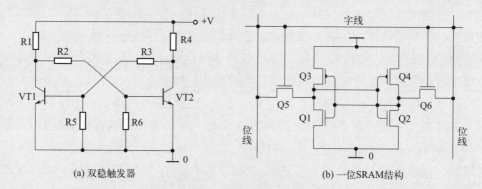

(a) 双稳触发器　　　　　　(b) 一位SRAM结构

图5-15　SRAM电路

为了集成化，出现了使用6个晶体管存一位的存储器，结构见图5-15(b)。这里采用了CMOS技术，只用了P沟道和N沟道两种晶体管，没有电阻。在芯片中，制作晶体管其实比制作电阻要容易，占用硅片面积也要小很多。这种存储器就是SRAM。

SRAM需要较多的晶体管，制作大容量的存储器成本就比较高，但DRAM更简单。DRAM实际上是利用电容存储电荷的能力来保存数据，只需要一个晶体管进行开关控制即可，原理见图5-16（a）。不过为了读写数据，每一位一般需要3个晶体管，如图5-16（b）。

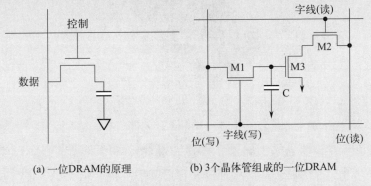

(a) 一位DRAM的原理　　　　(b) 3个晶体管组成的一位DRAM

图5-16　DRAM电路

DRAM后来发展出来多种结构，因控制用的晶体管占用硅片面积小，同样硅片面积上可以制作出更大容量，就成为主要的大容量随机存储器。目前的DRAM已经可以做到单芯片1吉字节以上，有80多亿个存储位。计算机中的内存，还有手机的运行内存，都是采用DRAM。不过，因为存在漏电，电容上存储的电荷时间长了就会消失。为了让数据一直保存，就要刷新，DRAM芯片中都内置有刷新电路。

上面两种都是随机存储器（random-access memory，RAM），其中每一个存储单元（8位、16位或32位）都有一个对应地址，可以选择其中的任意一个存储单元进行读或写，且读出/写入速度都比较快。RAM中存储的数据在掉电后会丢失，一般称为易失性存储器（volatile memory）。

还有一类存储器为只读存储器（read-only memory，ROM），只能出厂时掩膜（MASK）加工或一次写入（one time programmable，OTP），使用时可以随机读出，掉电后仍能保持数据不变，用于存储固定不变的内容。不能修改数据很不方便，后来发展出EPROM（erasable programmable ROM，可擦除可编程只读存储器），可以重复写但需要先用紫外线擦除再用外部设备写入。图5-17就是一种使用EPROM的芯片，上面有透明窗，可以通过紫外线照射将内部存储的数据擦除，正常使用时要用贴纸遮盖透明窗。

图5-17　使用EPROM的芯片

　　随着技术发展，又出现了可以用电擦除数据并写入数据的ROM，也就是EEPROM（electrically erasable programmable ROM，电可擦可编程只读存储器），可以反复使用，但写入数据时比较慢，存储容量一般几千字节到几百千字节，最多只能做到几兆字节，一些小规模的CPU常用EEPROM来存储程序。ROM都是掉电后仍能保存数据的存储器，称为非易失存储器（non-volatile memory）。

　　现在已经出现Flash技术，可读可写，存储容量更大，而且是非易失存储器。常见的Flash存储器主要分为Nor和Nand两类，使用方法有些差别。Nor Flash读取数据类似ROM，比较方便，写入数据则必须先按块擦除，然后写入，这个过程比较慢，而且擦除次数有限，在十万次量级。Nand Flash存储器具有更大的容量，写之前也需要先擦除，而且读写都必须按块进行，不能随机读取/写入数据。Nand Flash的擦除次数也是有限的，但在百万次量级。手机中的程序主要就是存储在Nand Flash存储器中的，常用的U盘及计算机的固态硬盘也用的是Nand Flash。

　　另有一种铁电存储器（ferroelectric RAM，FRAM），可以对其中任意位随机读写，而且掉电后数据也不会丢失，不过容量还不能做太大，成本也比较高，用于频繁读写的场合，如智能电表等。

　　可见，存储器的类型非常多，各具特色，要按实际需要并根据容量、体积、成本等多种因素来选择。

2. 芯片组成的计算机

最初的数字电路芯片为小规模集成电路（small-scale integration，SSI），每片芯片只有不到100个元件，逻辑门电路不超过10个。就是使用这种芯片，麻省理工仪器实验室（MIT Instrumentation Laboratory）在1960年研制成功了阿波罗导航计算机（apollo guidance computer），如图5-18所示，用于实现登月。

图5-18　阿波罗导航计算机

这时，IBM公司的System/370系列的大型计算机及DEC公司的一些小型机也逐渐改用SSI芯片。

不久出现了可以集成上百只晶体管的中规模集成电路（medium-scale integration，MSI）。1964年TI公司推出7400系列TTL产品，1968年RCA公司推出4000系列CMOS产品，引发众多公司仿制，最终形成了74/4000系列的工业标准逻辑电路芯片。1970年前后，DEC、Data General及HP（Hewlett-Packard，惠普）等公司就是采用这类芯片建造小型计算机。Data General公司在1969年推出的16位的小型机Nova，售价4000美元，加上磁芯存储器是8000美元一台。这款小型机卖出了5万台，被一些科学实验室采用。

很快，一块芯片上包含上千个晶体管的大规模集成电路（large-scale integration，LSI）也出现了。1970年，DEC公司推出的16位的PDP-11小型机就采用了LSI，售价为1.8万美元，卖出60万台，其处理器部分使用了4块LSI。后来DEC公司还推出了性能增强的32位的VAX-11，具有与IBM争夺大型机市场的能力。国内一些高校也曾进口过DEC等公司的小型机用于教学及研究领域，一些学校最早开设的计算机课程也是针对这类小型机讲授的。DEC公司的小型计算机如图5-19所示。

1975年，在晶体管时代设计过CDC6600/7600计算机的西摩·克雷（Seymour Cray）采用大规模集成电路完成了64位的Cray-1计算机，每秒能进行2.4亿次运算，

图5-19　DEC公司的小型计算机

性能超过了当时IBM公司的大型机，但每台售价超过500万美元。

　　在一些人孜孜以求去构建性能更强、速度更快的大型计算机时，也有人看到了低端应用，设计位数比较少的计算单元，可以把一个完整的运算器和控制器做在一片芯片上。

第六章
CPU

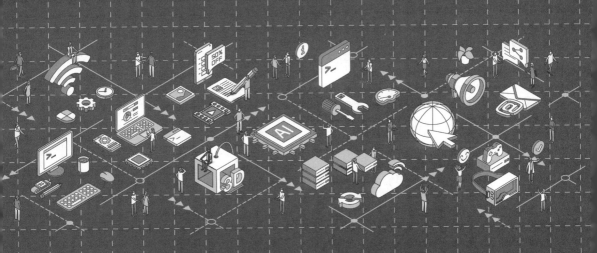

一、CPU 的出现

数字电路芯片开始只有几个晶体管，后来可以集成几百个晶体管来完成比较复杂的功能，再继续发展下去，就能把多个功能模块都做在一片硅片上，晶体管数量可达上千个，CPU 就呼之欲出。

1. 普林斯顿结构

前面已经提到过冯·诺依曼提出的计算机结构由五部分构成，包括运算器、控制器、存储器、输入设备、输出设备，被称为冯·诺依曼体系结构，如图6-1所示。电源是每种电子设备都需要的，并未列入计算机的组成结构中。

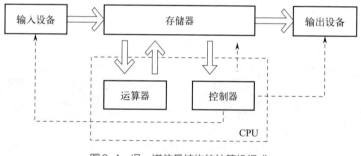

图6-1　冯·诺依曼结构的计算机组成

当时冯·诺依曼为普林斯顿高级研究院的教授，并在那里按这套理论督造了一台 IAS 计算机，这种结构也被称为普林斯顿结构。

随着晶体管替代电子管，并发展出芯片，然后集成度越来越高，就实现了其中的运算器与控制器的一体化，这就是 CPU。使用 CPU 的计算机，就只有 CPU、存储器、输入设备、输出设备四部分。

> **知识扩展**
>
> 在冯·诺依曼提出的普林斯顿结构中，存储器中既存储数据也存储程序，这是因为当时的存储器系统非常庞大、复杂且昂贵，容量也小，这种结构可以节省存储资源。但数据与程序共用存储器的方式会影响计算机的执行速度，就出现了一种哈佛结构，如图6-2所示。

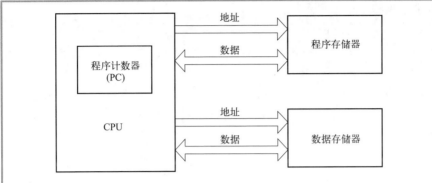

图6-2 哈佛结构的计算机

　　哈佛结构中，存放数据的存储器与存放程序的存储器是各自独立的，CPU可以分别去读取。为了提升计算机的运行速度，目前很多计算机都使用了哈佛结构。

2. CPU的诞生与发展

　　计算机的核心功能是运算，最主要的部分是运算器，不过还需要相应的控制电路才能正常工作，把二者做在一块芯片中就是中央处理器，也就是CPU。

　　1971年，英特尔公司推出了型号为4004的CPU，就包括了运算器和相关控制器，内部集成了2250个晶体管，这是第一款商用的CPU产品。这款产品只能进行4

图6-3　Intel 4004 CPU

位的运算，使用10微米制程，是为日本的一家计算器公司定制的。图6-3就是4004 CPU的外观，只有16个引脚，以现在眼光看来很不起眼。

　　当时英特尔公司的主要业务还是为计算机生产半导体存储器，不过这个市场的竞争已经比较激烈，4004的研制成功，为英特尔公司开启了转型之路。次年，英特尔推出了第一款8位的CPU，即8008，然后在1974年推出了8080，也是8位的CPU，集成了6000个晶体管，主频2兆赫。

　　当时大型计算机的运算器一般是32位以上，而小型机大多采用12～18位的运算器，最早出现的一些CPU型号大多采用8位，在性能上还是有一些差距的，是比较低端的产品。1978年英特尔推出了8086，这是一款16位的CPU，使用3微米制程，内部集成了28000个晶体管，主频4.77兆赫，最高为10兆赫，性能上有了明显提高，具有了一定的市场竞争力。

不过这款产品价格较高，仅CPU就要300美元，让人有些望而却步。为此，英特尔推出了一个廉价的简化版本8088，IBM在1981年进入个人计算机领域推出的最初产品IBM PC就是使用这款CPU。

IBM PC计算机的市场成功，也使英特尔获利丰厚，就有更多资金投入CPU的研发，陆续推出80286、80386、80486等CPU型号，其中1985年推出的80386已是32位的CPU，内部集成了超过27万个晶体管，性能已经开始超过小型机，并具有与大型机抢夺市场的能力。英特尔的这一系列CPU被统称为x86架构。

1993年，英特尔推出了Pentium（奔腾）系列x86架构CPU，如图6-4所示，制程到了1微米以下，集成了300多万个晶体管，主频100～200兆赫。英特尔公司后来还推出过

图6-4　英特尔的奔腾CPU

Celeron(赛扬) 系列，目前最新的为Core(酷睿)i9系列CPU，是64位的，主频5～6吉赫兹，制程10纳米。

知识扩展　目前英特尔公司是电脑CPU领域的引领者，在其发展初期，主要竞争对手是MOTOROLA（摩托罗拉）、TI等公司。1974年，MOTOROLA推出了8位的MC6800 CPU，只略晚于英特尔的8080。

不过最早让CPU获得商业成功的却是一家不知名的小公司MOS Technology，由于有MOTOROLA等公司技术人员的加入，生产了一款物美价廉的6502 CPU，一度风靡世界的Apple II计算机就是采用的这款CPU，苹果公司也以此起步。

后来苹果公司选用了MOTOROLA公司性能更强的CPU，但因为使用这一系列CPU的计算机在市场竞争中落了下风，MOTOROLA公司在这个市场上就没能持续跟进。掌上电脑、智能手机出现后，MOTOROLA公司曾推出过多款用于这个市场的CPU，具有市场竞争力，为了能让其他手机企业也能采用，还在2003年把半导体部门分拆出来建立了Freescale（飞思卡尔）半导体公司，但在此后的激烈市场竞争中也是半途而止，在2015年并入了NXP（恩智浦）公司。

　　也有资料介绍，TI首先设计出了单片的CPU，但被客户拒绝并没有做成整机成品，后来就放弃了这个领域。可见芯片这个行业虽然技术很重要，但成功与否更多与商业有关。目前TI公司产品线很长，型号很多，与英特尔公司基本专注于CPU这一类产品不同。

　　CPU是一种商品，从一开始就是为了满足商业上的需求，也是因为商业需求的不断提升而持续发展起来的。获得了市场认可的厂商，也能获得大量资金去研发后续产品，形成良性循环，而一旦失去市场，就会造成资金短缺，继续研究就难以为继，甚至可能不得不退出这个市场。

二、CPU结构与工作流程

　　虽然生产CPU的厂家众多，型号更多，看起来纷繁复杂，其实内部的主要结构大致相同，运作方式也没有本质差别。

1. CPU的主要组成部分

　　CPU主要包括运算、存储和控制三部分，可以简略表示为图6-5。

　　不过图6-5过于简化，无法了解其运作过程。还可以更深入地分解，如图6-6所示。

　　图6-6中，左侧为CPU，右侧则为存放程序的内部存储器，简称内存，CPU通过读取内存

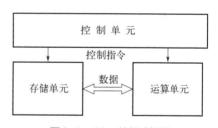

图6-5　CPU的组成框图

中的程序指令来执行相应的工作。在CPU中，中心部分是ALU（arithmetic and logic unit，算术逻辑单元），其他部分都是围绕着ALU运行的。让CPU进行工作的是一条条指令，指令表达的含义需要控制电路进行"翻译"，指挥CPU的各部分去完成。CPU内部有一些SRAM，称为寄存器（register），主要用于存放运算中的临时数据。

　　CPU有一个重要寄存器，称为程序计数器（program counter，PC），一般情况下是累加的，也就是在时钟控制下一次次加1。PC中存放的数值其实就是指令在内存中的地址，PC对应地址的那条指令会被放入指令队列中等待被执行，PC值不断加1，

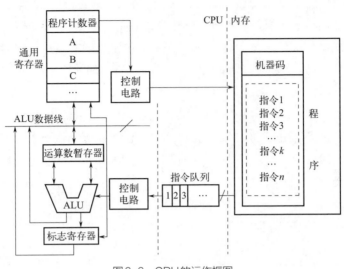

图6-6　CPU的运作框图

也就使指令按地址顺序一条条地执行。其实，PC中的值也是可以修改的，通过修改这个值，就可以转向执行PC新值对应地址的那条指令。PC值被修改后，会在这个基础上继续累加，也就是在新的地址处开始顺序执行。

技术说明

　　在集成一体化的CPU出现之前，还有使用几块芯片搭建处理器的方案，比如MOTOROLA公司曾经出产过MC14500系列数字芯片，包括各种逻辑门电路，其首个型号MC14500就是一个一位的处理器，使用多个这种芯片并加上一些控制电路，就可以实现所需要的多位处理器的功能，过去还曾有一本书专门介绍使用MC14500系列搭建处理器的方法。这款芯片已经停产，不然使用这种方案是了解CPU内部结构及工作原理的最好方式。

　　虽然MC14500已经在市场上见不到了，但还有一款74系列的芯片74181是4位的ALU芯片，最早推出74181的是TI公司。

2. 算术逻辑单元

CPU最核心的部分是算术逻辑单元（ALU），用于执行算术和逻辑运算。最简单的ALU只能进行固定长度的两个二进制数的逻辑运算（与、或、异或、非）和整数加减运算，常见的二进制数的长度一般为4、8、16、32、64等几种，一般说的CPU位数就是指ALU的位数。最早的4004 CPU就是4位的ALU，使用4位ALU的CPU还曾很长时间内用于冰箱等家用电器的控制中，不过目前已经很少见到了。现在低端的CPU主要使用8位的ALU，中端的使用32位的ALU，高端的主要是64位ALU。

3. CPU的工作流程

CPU要执行的指令，是预先存放在内存中的，每条指令都有一个地址，并按顺序排列。通过PC，CPU把对应地址的指令送入指令队列，等待被读取执行。执行比较慢的CPU，内部可以没有指令队列，直接送入执行。

指令也是二进制数，其含义需要由对应的逻辑电路进行"翻译"才能控制执行，这其实是CPU中最复杂的部分。一套指令，需要预先规划好，并设计出相应的逻辑电路来实现，不同类型的CPU的独特部分主要就是这套控制部分。

如果这条指令是计算两个二进制数的"与"逻辑，就把这两个数送入ALU的暂存器，然后在ALU中进行"与"运算，并把结果输出到一个寄存器。

数据的输入及输出，都要通过一条称为数据总线的通道，这条数据总线的宽度和CPU的位宽一致，可以让一个二进制数的多位通过。挂在数据总线上的还有CPU的各个寄存器，因为有很多模块都挂在这条多位数据线上，就称为总线（bus），由指令控制哪个模块是输出，哪个模块是输入。

ALU还有标志寄存器，也是经常要用到的，比如计算两个数的加法，如果最高位有进位，进位标志就会有输出。CPU如果检测到进位，就会进行相应的处理。

> **知识扩展**
>
> CPU的指令系统，对应着指令的控制部分，不仅不同公司的设计会有不同，就是同一家公司的不同系列产品都会有差异。这套指令的设计，开始并没有理论指导，完全是设计师根据需要设计并逐渐扩展，后来变得越来越庞大，最少的也有100多条指令，一般都会有二三百条指令，使CPU内部的控制部分越来越复杂。
>
> IBM公司研究中心的约翰·科克（John Cocke）发现了指令集的二八现象，即计算机中约20%的指令承担了80%的工作，而另80%的指令则较少使用，于是在1974年提出了精简指令集计算机

（reduced instruction set computer，RISC）的概念，而此前的计算机则被称为复杂指令集计算机（Complex Instruction Set Computer，CISC）。RISC采用长短划一的指令集，每条指令要在一个指令周期内完成，复杂的功能则使用多条指令的组合来实现，以此来降低CPU设计的复杂度，并提高单条指令的执行速度。

工业界常用的MCS-51内核的8位CISC型CPU，有100多条指令，而Microchip（微芯）公司出产的功能相近的RISC型CPU只有33条指令，后续功能更强的型号也只增加到50多条指令。

RISC的提出对计算机的发展影响很大，后来发展出的MIPS、Power PC、Sparc、Alpha等架构的CPU都是RISC，也有一些基本依照RISC原则设计，但为了实际需要加了一些变通，而英特尔的CISC的CPU也加了微操作转换成精简指令集来执行。

ARM公司也设计了一种RISC核的CPU，因耗电低效率高，在智能手机和平板电脑的CPU市场一枝独秀。这些年又流行起来开源指令集的RISC-V（图6-7），不过还在发展中。

图6-7　RISC-V标识

CPU中的ALU、寄存器、控制部分及相关总线等，被称为内核。一些设计良好的CPU内核就会授权给其他公司使用，使用相同内核的CPU，指令系统基本是一样的。过去英特尔公司的MCS-51内核就被大量授权，后来英特尔公司不出产这款产品了，还有其他公司出产的使用这个内核的芯片在大量出售。目前最流行的CPU内核是ARM公司的，包括面向多个领域的多个系列，设计实际芯片产品的则有几十家公司，包括一些国际知名的半导体公司，如TI、NXP、ST等。

4. 程序存储器与存储地址

从前面的工作流程可以看出，计算机指令要能被执行，其每条指令必须有一个地址，CPU是通过地址来读取指令的。

　　此前介绍的各种存储器中，RAM、ROM和Nor Flash的每个存储单元都是有地址的，其中存储的程序都可以被执行，也就都可以用作程序存储器。其中DRAM的存储容量比较大，每个存储位的成本比较低，现在计算机中一般都是以DRAM为运行时的内存。但DRAM是易失存储器，掉电后数据会丢失，需要上电后从其他存储器（如Nand Flash、磁盘等）把程序读入DRAM再运行，上电工作就需要一个过程。一些低端的CPU，运行的程序量不大，主要使用EEPROM或Nor Flash为内存，这两种存储器都是非易失的，把程序写入后可以长期保存，上电就开始执行。

　　在程序存储器中，每条指令都要有一个二进制地址，CPU的地址线数就代表着可以读取到的指令数。如果地址线为10位，$2^{10}=1024$，称为1K，也就是最大可读取的存储单元数为1K。如果地址线为20位，$2^{20}=1048576$，称为1M，也就是最大可读取的存储单元数为1M。如果地址线为30位，$2^{30}=1073741824$，称为1G，也就是最大可读取的存储单元数为1G。至于每个存储单元是8位、16位还是32位，则与存储器的结构有关，也要与CPU的指令位数相对应。

　　对于Nand Flash和磁盘这类存储器，只能按块读取，要运行其中的程序，都要先将它们读入内存中，一般被认为是外部存储器。

5. 机器指令与汇编语言

　　由上面的介绍可以看到，CPU基本的控制和计算功能是使用电路实现的，但具体做什么则是由存储在内存中的指令代码来决定的，代码不同就会执行不同的操作。这些指令代码就属于软件（software），它们是可以根据需要改变的，而对应的电路部分，则属于硬件（hardware）。

　　存储器中存放的指令（instruction）都是二进制数，这是计算机唯一可以识别的代码，被称为机器码（machine code）。而且，这些指令是按顺序排列的，也是按流程执行的，总体上被称为程序（program）。但这些0和1组成的机器码对人来说很难释读，也很难编写使用，于是就出现了最初的计算机编程语言——汇编语言（assembly language）。

　　汇编语言使用一些容易看出含义的字符串表示每一条指令，每条汇编指令都对应着一条机器码指令，二者有明确的对应关系。这样，就可以按逻辑与运作流程使用汇编语言来编写程序，完成后再把每一条汇编指令通过查表转换为对应的机器码。后来，出现了一些实现这种转换的计算机程序，被称为汇编软件（assembly software），而把汇编语言转换为对应机器码的过程称为编译（compile）。

　　也因为汇编语言与机器码之间有对应关系，其实也可以将机器码反向转换为对应的汇编语句，这称为反汇编（disassembly）。

使用汇编语言编程，需要了解CPU的内部结构及运作流程，对硬件基础要求比较高。为一种CPU编写的汇编程序，在其他类型的CPU上一般就不能直接编译运行，常常要从头编写。后来出现了计算机高级编程语言，具有一定的通用性。

知识扩展

因为不同CPU的指令系统有差异，而汇编语言与机器指令之间有明确的对应关系，也就没有通用的汇编语言，汇编语言都是与CPU核对应的。下面是MCS-51核的CPU的汇编指令：

ADD A, R0

这条汇编指令的含义是，将寄存器A中存放的数据与寄存器R0中存放的数据相加，结果存放在寄存器A中。

MOV A, R0

上面的汇编指令的含义是，将寄存器R0中存放的数据复制到寄存器A中。

8086 CPU与MCS-51都是英特尔公司设计的，使用的汇编指令就有很多相似的地方，而与ARM等公司的汇编指令差别就比较大。

汇编语言总体上都有加减和逻辑运算等指令，也有寄存器、存储器之间的数据复制传递指令，并会有跳转指令。学会了一种CPU的汇编语言也容易学习其他一些型号CPU的汇编语言。

三、CPU的分类

经过几十年的发展，CPU应用很广，也分化为很多类型。这里主要介绍商用的一些CPU类型，对一些专用CPU就不涉及了，如超级计算机CPU等。

1. 电脑用CPU

家用或办公用的台式及笔记本计算机俗称电脑，英特尔公司的x86架构CPU主要用于这些领域，是这类CPU的主要提供者，也是技术引领者。目前英特尔的比较强大的竞争对手AMD（超威）公司，也提供x86架构的CPU。还有几家公司有x86

架构的CPU，但在技术性能上与这两家公司相比还有一些差距，市场占比也比较低。x86架构的部分CPU如图6-8所示。

图6-8 早期使用x86架构的部分CPU

笔记本电脑用的CPU与台式机的CPU相差不大，主要是在耗电、散热等方面有一些更高的要求。

还有工业控制用计算机，简称工控机，功能结构与普通家用、办公用计算机类似，只是进行了一些特别设计，使其能在强外界干扰环境下持续工作，并具有与工业设备交换数据的一些接口。工控机一般也使用电脑用x86架构CPU，但对运算、显示等性能的要求不太高，更多考虑稳定和抗干扰。目前也有采用ARM内核CPU的工控机，但数量还不多。

知识扩展

英特尔公司的电脑用CPU，在获得商业成功的早期有很多竞争者，比较出名的是AMD、Cyrix等公司。IBM公司最早设计并推出个人计算机IBM PC时要求有第二货源，多家公司拿到了8086/8088 CPU的生产授权，包括AMD，也有一些公司是通过逆向工程（reverse engineering）获得的相关技术。后来，随着英特尔公司设计制造能力的增强，不再想让其他公司分一杯羹，就展开专利大战。专利诉讼耗时很长，关键是美国的反垄断法，某个领域的垄断者往往会被罚巨款，甚至被拆分，这种鼓励竞争的文化迫使英特尔公司只能容许一些竞争对手的存在，还要进行一些专利授权，靠不断提升技术来甩开对手才是制胜之道。

目前AMD公司仍然是英特尔公司在个人电脑CPU方面的强劲竞争者，英特尔公司稍有松懈或者出现技术疏漏，就会被AMD反超，两家公司的长期竞争也是促使CPU技术不断进步的重要因素。但Cyrix公司则在这场比耐力的竞赛中败下阵来，不再能持续追随，后来被威盛（VIA Technologies）公司收购，现在一些技术转移到兆芯公司手中。

2. 服务器和工作站CPU

服务器（server），主要用于数据存储、数据处理、数据通信等方面，比如网站服务器、银行数据中心的服务器等。服务器面向的数据应用，需要较大的硬盘容量，还要能7×24小时持续工作，而对显示性能要求不高，甚至很多服务器还没有图形界面。小型机时代就出现了早期的服务器，后来一些公司使用RISC内核的CPU构建服务器，目前的服务器已大量采用x86架构的CPU，并有专注于这个领域的型号，如英特尔公司的Xeon（至强）系列。随着ARM内核CPU性能的增强，也设计出用于服务器领域的型号。服务器是一种专用的计算机，使用的CPU类型比较多，竞争激烈。

还有一类计算机称为工作站（workstation），一般都需要较强的图形、图像、视频的处理能力，用于动画绘制、3D模型构建、影视制作、计算机辅助设计等专业应用领域。早期的工作站主要采用RISC的CPU，性能超过当时的个人计算机，苹果公司的计算机也注重这个领域并有比较出色的表现。目前的工作站很多已采用x86架构CPU的个人计算机，不过常常要配性能较强的独立显卡。

知识扩展

Sun Microsystems公司（下文简称Sun）在20世纪80年代和90年代曾经风光无限，出产的工作站、服务器等设备很受欢迎，Java语言也是出自这里。Sun公司最初的产品是计算机辅助设计（CAD）工作站，使用Motorola公司的68000芯片，操作系统是Unix。这款产品起点比较高，在个人计算机性能还不强时占据了高端，被很多专业公司所采用。

1987年，Sun和TI公司合作开发了RISC型的SPARC CPU，是当时的高端CPU，1999年又率先推出了64位的CPU——UltraSPARC，再次占到高端。Sun公司的相关工作站、服务器等产品也因此性能一直超过当时的个人计算机，占据着大型计算机与个人计算机之间的市场，被很多大企业所采用。

进入21世纪之后，随着微软公司通过Windows NT系统进军服务器市场，而英特尔公司的x86架构CPU的性能也越来越强大，Sun公司采用的Unix又是小众系统，就逐渐失去市场。2009年，Sun公司被Oracle公司收购，其硬件平台用于构建Oracle公司的云服务器。

3. 手机CPU

　　手机要能手持使用，其中的CPU体积要更小，并要求在没有外接电源的情况下能依靠电池长时间工作，对省电就有更高的要求。目前这类CPU，无论高通（Qualcomm）、苹果还是其他公司品牌的，基本都是使用ARM公司的内核，主要是Cotex-A系列的多核CPU，升级换代很快。图6-9为一款手机的主板，上面就有CPU。

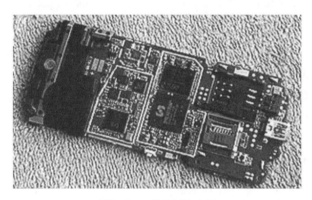

图6-9　一款手机的主板

　　为了让手机的体积更小，目前一般采用SoC（system on chip，片上系统）形式，也就是把CPU、GPU、通信基带等很多功能模块整合在一起，并与DRAM等存储器叠合封装，使占用的空间大大减小。

　　手机CPU目前是技术进步最快的芯片领域之一，一两年就会有明显的技术提升。不断有公司进入这个领域想分一杯羹，但因投资大、技术要求高而市场竞争激烈，稍有松懈就会被挤出市场。

　　平板电脑（tablet）可以认为是大号的手机，主要是显示器比较大，一般只有Wi-Fi模块而没有移动通信模块，使用与手机一类的CPU。这里需要提一下，现在很多平板电脑也开始外配键盘，外观与笔记本电脑有些相似，像小号的笔记本电脑。但平板电脑使用的是ARM内核CPU（苹果平板也是如此），虽然也是图形界面，但与Windows系统完全不同（一般为Android系统或苹果iOS系统），电脑上的专用软件大都没有平板上的版本，笔记本电脑的很多功能目前在平板上还无法实现。

　　手机和平板电脑相关技术逐渐成熟，性能优良，体积又很小，目前工业控制领域也开始采用。使用平板电脑操控的工业设备逐渐增多，手机CPU的应用领域也因此扩展。

ARM公司的前身是1978年在英国剑桥建立的Acorn计算机公司，1981年为了配合英国广播公司（British Broadcasting Corporation，BBC）推出的向大众普及计算机知识的节目，Acorn公司推出了BBC Micro计算机，由此获得了充足资金。在设计这款计算机过程中，Acorn公司发现多家公司出产的CPU的一些缺陷，就投资剑桥大学的计算机专家，设计出了一款RISC结构的CPU，称为Acorn RISC Machine，ARM是其缩写。

ARM前面的几种型号，在竞争激烈的CPU市场上一直默默无闻，未受关注。后来开始转型，不再出产自己的CPU芯片，而是把设计的CPU内核转让，由更专业的芯片公司在这个内核基础上设计具有完整功能的商用芯片。这些芯片公司具有市场号召力，会被更多客户所接受。

从1990年开始，ARM公司作为CPU内核提供商开始崭露头角，不久因ARM7、ARM9等型号的CPU受到广泛关注，继而推出了Cortex-M、Cortex-A等系列产品，分别主攻MCU、手持设备CPU等领域，迅速抢占了大部分市场。目前ARM核在手机CPU市场中基本是统治地位，并开始冲击英特尔公司的服务器CPU市场。

生产自己的CPU，会面临着大量CPU厂商的竞争，新企业很难立足。而采用转让CPU内核设计方案的方式，就把竞争关系变成了合作关系，依靠技术优势就更容易得到市场认可，这是ARM公司崛起的商业秘籍。

4. 微控制器

电脑和手机的CPU性能很强，但价格较高，并要与外部存储器配合才能正常工作，使系统复杂。而在一些控制方面，如洗衣机、电磁炉、空调、冰箱等，使用这类CPU就有些杀鸡用牛刀的感觉。

1976年，英特尔公司推出了MCS-48系列，继而在1980年推出MCS-51系列，都是将CPU、ROM、RAM及输入/输出接口等电路制作在一块芯片上，这类产品在国内被称为单片机，国外一般称为MCU（microcontroller unit，微控制器）。

后来，英特尔公司主要注重利润丰厚的计算机CPU的设计生产，不再有后续的MCU产品推出，而把MCS-51的内核授权给了其他公司。2000年前后生产MCS-51

图6-10　一款MCU开发板

核MCU的厂商主要是Atmel（爱特梅尔）、飞利浦（Philips，NXP公司的前身）等公司，价格便宜，就推广开来，很多学校的电子信息专业都有相关的课程。目前生产MCS-51系列MCU的主要是台湾及大陆的一些公司，因为相关资料比较多，设计产品比较容易。图6-10就是一款MCU的开发板。

随着RISC的兴起，也出现了使用这种内核的MCU，比较流行的是Microchip和Atmel公司的产品，其中Atmel公司出产的AVR系列MCU在中国一度非常流行，相关资料也非常多，应用很广。不过，现在Atmel公司已被Microchip公司收购，合成一家，AVR系列产品也趋于没落。台湾出产RISC类型MCU的公司很多，有非常便宜的只能写入一次程序的OTP型，每片只有几角钱，也有价格高一些的可以多次写入程序的Flash型，大陆很多电子厂商就在使用台湾产的MCU。

上面介绍的MCU，主要都是8位的，计算处理能力有限，运行速度也不快。后来出现过几款16位的MCU，如TI公司的MSP430系列，但并未流行开来，这时ARM公司横空出世。ARM公司设计的Cortex-M系列，是32位的内核，TI、NXP、ST等芯片公司就拿这种内核来设计32位的MCU，后来其他公司也陆续推出相关产品。数年间Cortex-M系列的MCU以较高的性能及低廉的价格，迅速占领主要的MCU市场，现在除了价格敏感的低端产品还在使用8位的MCU，其他都已是32位的天下。国内也有数家出产Cortex-M内核MCU的公司，与国外产品相比价格较低。ARM公司的Cortex-M系列如图6-11所示。

像家电控制及工业控制方面，并不需要太强的计算处理能力，更不需要复杂的显示，这正是MCU大显身手的领域，目前的工业控制自动化、智能化，大部分是用MCU实现的，只有少数需要复杂显示界面的才会使用CPU外加存储器的方式。

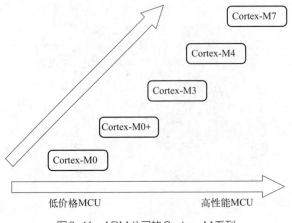

图6-11　ARM公司的Cortex-M系列

MCU还发展出很多系列，面向某些特定领域，比如芯片上具有红外驱动接口的用于红外遥控器、芯片上有无线收发器的用于无线通信、芯片上具有LCD驱动的用于LCD显示等。使用这些芯片可以把外围电路尽量简化，使整机产品的体积非常小，成本也很低。现在一些高端的MCU，甚至已经可以使用预训练的人工神经网络，使智能设备的性能更强大。

知识扩展

最早设计出的MCU，被认为是TI公司1975年推出的TMS-1000，其中已经有了CPU、ROM、RAM和时钟电路，不过CPU是4位的，计算能力有限，主要用于自动警报器、车库门开关及一些玩具中。日本一些公司生产的4位的MCU曾流行很长时间，主要用于家电控制，特别是单色LCD的显示方面。而英特尔出产的4位的4004（CPU），还要在外面配上4001（ROM）、4002（RAM）、4003（Register）才能组成一个完整的MCS-4微型计算机系统。

1976年，英特尔推出了MCS-48系列MCU，具有64字节的RAM，1千字节的ROM。到了MCS-51，芯片内RAM大小为256字节，芯片内的ROM大小为4千字节，而且可以扩展，主频一般为12兆赫。

目前的32位的MCU，最高主频已经可以达到200兆赫以上，SRAM可达512千字节，最大可使用2兆字节的Flash存储器存储程序。

5. 数字信号处理器

数字信号处理器（digital signal processor，DSP）也可以认为是一种CPU，但其内部架构有些不同。因为数字信号处理不仅要进行大量的整数运算，更主要的是进行浮点数运算。能快速地进行比较高精度的浮点数运算正是其独有的特性，一般还包括乘法运算单元。

有一些CPU是通过加入DSP核来提升对数字信号的处理能力的，也有CPU与DSP两种内核封装在一起的产品，使性能互补，早期的一些智能手机就曾使用这种方案。

DSP目前主要用于数字音视频处理和通信等领域，随着其价格的降低，应用范围也在逐渐扩展。

知识扩展

目前很多电子设备都已采用CPU为控制核心，如机器人、医疗设备、家用电器、仪器仪表等，有人把这种结构的设备称为嵌入式系统（embedded system）。当然，嵌入式系统的核心其实可以更广，不仅包括各种类型的CPU、MCU、DSP，还包括FPGA（field programmable gate array，现场可编程门阵列）这类可编程逻辑的芯片，一些高端的FPGA具有CPU软核。

嵌入式设备具有自身的特定功能，一般不是普通计算机那种通用的结构，或者是采用通用计算机结构加上专用模块，可以认为是特殊设计的计算机。

技术说明

早期评价CPU的性能常使用MIPS（million instructions per second）指标，也就是每秒可执行的百万指令数，如80386 CPU大约为3～5MIPS。因为CPU的执行速度也与主频有关，早期CPU会使用超频方式提高计算速度，为了去除主频因素，就推出MIPS/MHz，也就是每兆赫主频下执行的百万指令数。

随着多媒体、3D游戏等使用浮点数计算场景的增多，又提出了FLOPS

（floating-point operations per second）指标，即每秒可进行的浮点数操作次数，一般前面加M、G、T分别表示百万、十亿、万亿。

还有一些测试软件，通过一些特定的运算来评价CPU的性能，如计算圆周率百万位、国际象棋算法、影像处理、文件压缩等。这些指标能反映CPU在某一方面或几方面的性能。

随着CPU内部集成的晶体管数量逐渐增加，工作频率也迅速提升，功耗变大。为了降低CPU的总体功耗，目前主要采用降低核心工作电压的方式，从TTL电路常用的5伏逐渐降为3.3伏、1.8伏、1.2伏、1.1伏等，也有采用可变电压工作方式的。

第七章
计算机硬件

一、个人计算机的异军突起

自从出现了物美价廉的CPU，很快就有了使用CPU搭建的供个人使用的计算机。经过几十年的发展，目前个人计算机成为市场占有率最高的计算机类型。

1. 个人计算机的出现

随着芯片技术的进步，20世纪70年代初建造一台很多人梦寐以求的功能强大的计算机只需要20多块芯片，如图7-1所示，一些行业期刊已经开始介绍使用市售芯片搭建计算机的方法。后来热衷DIY（do it yourself，自己组装）的电子爱好者们还建立起了俱乐部这种组织，相互交流技术和经验。这些不起眼的

图7-1　一款个人计算机的电路板局部

"小人物"，当时并不知道自己正站在计算机技术的风口之上，其中一些成员在此后的浪潮中建立起了自己的公司，成为时代的引领者。

1972年，英特尔公司推出了8008单芯片的8位CPU，很快就有多种基于8008的计算机推出，甚至加利福尼亚大学还有人构建了一台包括键盘、磁带机、打印机及彩色显示器的完整系统。1974年，英特尔公司推出8080 CPU，次年基于8080的Altair 8800上市，售价400美元，引起电子爱好者的兴趣，并卖出了几千台。

比尔·盖茨（Bill Gates）和保罗·艾伦（Paul Allen）编制了能让Altair 8800运行Basic语言的程序，获得了第一笔收入，并以此为契机建立起了微软公司（Microsoft Corporation）。

当时，市场上出现了Intel 8080、Motorola 6800、Zilog Z80等多种8位CPU，也出现了使用这些CPU的多款计算机，它们以比较平易近人的价格开拓市场。不过，廉价的计算机往往都只是套件，需要自己组装，有一定的技术门槛，而显示器、键盘等配置齐备的计算机的价格就比较高，普通人难以承担。

具有商业头脑的史蒂夫·乔布斯（Steve Jobs）看到了这些问题，通过斯蒂夫·盖瑞·沃兹尼亚克（Stephen Gary Wozniak）的技术能力，为廉价的6502 CPU

加上了键盘和显示器，这就是最初的苹果计算机。这类计算机比小型机体积更小，当时被称为微型机（microcomputer），简称微机。

　　Apple Ⅱ是第一款商业上获得成功的微型机，如图7-2所示，1977年推出，在此后的十几年间生产了数百万台。由于Apple Ⅱ在市场上很受欢迎，苹果公司的股票在1980年一上市就受到投资者的追捧，获得的资金用于建立工厂，生产的大量计算机迅速投放市场。只用5年时间，苹果公司就进入世界500强，成为一个传奇。20世纪80年代，Apple Ⅱ不仅成为美国教育系统采用的标准计算机，也流行于世界，中国也曾大量进口并配置到一些中学中进行计算机教学。

　　苹果等计算机的成功，让计算机领域的龙头IBM公司也有些坐不住了，在1981年推出了使用16位的英特尔8088 CPU的IBM PC微型计算机，如图7-3所示。由于IBM公司在计算机行业具有举足轻重的影响力，IBM PC一经推出就受到广泛关注，大量公司基于这款计算机编写了各种应用软件，或把其他计算机上运行的优秀软件移植到这款计算机上运行，使其迅速流行开来。

图7-2　Apple Ⅱ计算机

图7-3　IBM PC计算机

　　IBM公司此前生产的都是大型机，主机价格高昂，都是配有多个操作终端供多个用户同时使用。而这台计算机体积很小，价格低廉，主要是个人使用，就把这款计算机称为PC（personal computer，个人计算机）。IBM公司最初设想是作为家用电器供家庭使用，但实际上购买者主要是用于办公。

　　此后，IBM公司还推出IBM PC/XT和IBM PC/AT等后续产品，也流行世界。IBM公司的个人计算机很快进入中国，被高校及企事业单位所采用，也让很多年轻人通宵达旦迷恋于此。现在微型计算机这个词已经很少使用了，被"个人计算机"所取代。

　　IBM PC及后续产品迅速推广开来，并逐渐成为计算机的主流。而且随着芯片技术的进步，CPU很快达到32位、64位的处理能力，相应的个人计算机性能已经超越当初的小型机和大型机。从低端起步的个人计算机，演变为高端产品。到20世纪90年代，以生产小型机而辉煌几十年的DEC等公司迅速衰落，生产大型机的IBM也出现亏损只能转型，为了特殊领域的大规模计算转向研制超级计算机（super computer），也称巨型机。

设计过Cray-1计算机的西摩·克雷在CPU时代采用多处理器并行计算方式完成了Cray-2计算机，在1985年推出，浮点运算能力达到1.9GFLOPS，又站到那个时代的高峰，此后又推出了Cray-3计算机。在技术上追求最高性能的西摩·克雷在商业领域却遭受挫折，绝大多数商业应用使用普通计算机就已足够，超级计算机的研制主要成为国家工程。

知识扩展

最初的个人计算机看上去更像一台专业仪器，图7-4为1975年初推出的Altair 8800。现在经常使用计算机的人看到这样一台设备也会感到困惑，不知道该如何使用。其实面板上的拨动开关是用于输入程序的，通过上下拨动就能设置0或1，上面的那些指示灯则用于显示状态。

图7-4　Altair 8800计算机

Altair 8800提供的是套件，需要自己组装，与其说这是一台计算机，不如说是电子爱好者的大"玩具"，没有足够的专业知识根本不会使用。乔布斯并不是一个技术专家，但具有商业头脑，看出这样的产品会让普通用户无从下手，就从实用角度进行了设计，这才有了Apple II计算机。从商用计算机发展史来看，想取得成功并不能单靠技术，还要依赖商业眼光及策略，从用户角度考虑问题是技术公司取得商业成功的关键。

乔布斯当初选择"杂牌的"6502 CPU来设计计算机，是因为其价格只为其他8位CPU的六分之一，穷困的乔布斯等人可以负担得起。后来，苹果公司成功了，就采用了当时这个领域最强的

Motorola公司的CPU研制后续产品，不过设定的目标过大，耗时很长，研发投入高昂，定价也很高，没有获得用户认可，逐渐丧失了市场。

IBM公司一进入个人计算机市场，选用的是16位的CPU，比市场上其他公司的在售产品都高一个档次，具有了产品的差异性。而且负责项目的唐·埃斯特利奇（Don Estridge）一改IBM公司传统的只使用自家研制的零部件的做法，使用现成的各个厂商制造的零部件，并采用了开放结构，只要符合规范的部件都可以用于其中。这种开放式设计，吸引了大量厂商变成其供货商，可以很快大量生产占领市场，也有大量程序可以使用，很快风靡世界。

而苹果计算机一直都是封闭的结构，很多零部件都要定制，运行其上的程序也都需要自己开发，或者由协作的软件公司来开发，可用的程序就比较少，这也是苹果公司在个人计算机市场中占有率比较低的一个重要原因。

不过开放结构也有缺陷，就是进入门槛低，竞争对手多。很多公司也想在这个迅速崛起的市场中分一杯羹，通过拆解、分析IBM公司的原装机，推出结构性能基本一致的兼容机，在IBM PC上可以运行的软件在兼容机上同样能正常工作，以此抢占市场。1985年，英特尔公司推出的80386 CPU已是32位的，IBM公司顾虑会影响到主业——大型机的市场，推迟了使用80386的计算机研制，而生产兼容机的"草台班子"已经随着技术积累变成"正规军"，提前推出了新型号，变成市场领头羊，把IBM公司甩在了后面。1992年度IBM公司出现了严重的亏损，在个人计算机冲击下，统治这个行业几十年的龙头企业陷入了困境。近些年的台式个人计算机如图7-5所示。

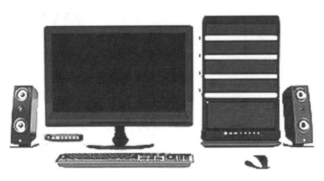

图7-5 近些年的台式个人计算机

> 因为体系是开放的，市场容量也越来越大，很多公司专门为这个市场提供零部件，有专做硬盘、软盘的，有专做内存的，有专做主板的，有专做显卡的，等等。这些细分的行业都涌现出大量知名企业，如希捷（Seagate）、西部数据（Western Digital）、金士顿（Kingston）、华硕（ASUS）、英伟达（NVIDIA）等，也竞争激烈，市场排名经常会被更新，不断有企业加入，也不断有企业被挤出市场。
>
> IBM公司后来转向生产便携式计算机，也就是笔记本电脑，曾占有比较大的市场份额，后来因成本居高不下，出售给了联想公司，IBM公司的业务重点也从制造硬件转移到了提供软件和服务。

2. 计算机配件的发展

计算机的快速发展，不仅与CPU的进步密切相关，也与组成的主要零部件的技术发展有很大关系。一些零部件是在计算机主板之外，通过接插件和线缆连接到主板上。

现在的计算机程序主要是存储在硬盘（包括固态硬盘）、U盘中，这是计算机的大容量外部存储器。而最早的电子计算机，程序是一卷卷纸带，以上面孔洞位置的差别来代表不同的数值，并对应不同的指令，通过光电识别把这些程序读入计算机中。

图7-6 磁带机

把磁性材料涂敷在条带上就做成磁带，利用磁带存储声音的技术早已出现，早期的计算机也在很长时间内使用磁带存储数据，称为磁带机，如图7-6所示，是大容量的外部存储器。目前一些地方还在使用磁带进行大容量的数据备份。

(a) 软盘

但磁带只便于顺序读写，要在上面去搜寻查找数据就比较麻烦，要花很长时间卷绕磁带，等待时间比较长。后来出现了磁盘，有圆形的涂敷磁性材料的盘面，可在电机带动下旋转，一只沿径向移动的磁头就可以从盘面上快速读写数据。图7-7（a）是软盘（floppy disk），有8英寸、5英寸和3.5英寸等几种，外

(b) 软盘驱动器

图7-7 软盘和软盘驱动器

面都有矩形的保护外套。

软盘是20世纪60年代IBM公司发明的，最初的尺寸是32英寸，后来软盘体积逐渐缩小，容量却越来越大，3.5英寸双面读写的1.44兆字节容量的软盘曾经流行十多年。使用软盘的计算机需要配置软盘驱动器（简称软驱），如图7-7（b）所示，内部有电机、磁头和很多控制电路，是一种比较精密的机电装置。

软盘只是存储介质，可以拿到软驱外面，便于备份并转移数据，也就比较容易受损，存储密度也不能做得太高。IBM公司还研制出过一种硬盘（hard disk），是将磁盘驱动器与磁性盘片密封于一体。早期的硬盘体积也很大，容量只有5兆字节。到了十几年后，市场需要容量更大的存储介质，相关技术也发展起来了，硬盘技术飞快进步。目前硬盘容量普遍在1太字节以上，最大容量已达到15太字节，是当初的300万倍，成为计算机的主要外部存储器。

不过，这种硬盘是机械结构，称为机械硬盘，受到比较强的振动就容易受损。而且即使盘面和磁头运动速度很高，由于惯性等一些因素，读写数据量大时也会有明显延迟。随着Flash存储技术的发展，能以比较低的成本制作出大容量硬盘，读取速度可以比机械硬盘更快，现在一些计算机已经使用Flash存储器制作的硬盘，称为固态硬盘（solid state disk，SSD），有的计算机是同时使用固态硬盘和机械硬盘。随着半导体技术的发展，机械硬盘最终有可能被淘汰。

我们现在常用的U盘也是采用Flash存储器制作的，使用计算机的USB接口读写，因此称为U盘。U盘内部有控制电路，相当于硬盘的驱动器，而Flash存储器相当于磁盘盘片，用于存储数据。因为都是采用芯片，体积很小，成本也比较低，自从出现之后就逐渐淘汰了软盘。目前的计算机上已经基本看不到软盘驱动器，但留给软驱的A、B盘符还保留着，硬盘盘符都是从C开始的。

目前大容量的U盘成本还比较高，大规模写入数据还不是很快。有时需要备份大量数据，而普通机械硬盘又是固定在计算机内部的，不方便使用。这就出现了移动硬盘，就是把普通机械硬盘做成USB接口，可用计算机的USB口读写数据，类似操作U盘。

知识扩展　过去的计算机还常配有光驱，也就是光盘的驱动器，这是一种精密的光机电设备。光盘便于低成本大量压制，在互联网还未普及时，一些厂商常把软件制作成光盘来发售，也就需要光驱来读取安装。有的光驱还可以刻写数据，不过要使用可刻写的光盘，这种光盘的价格相对就高了。现在软件及各种音视频已经可以联网获取，而U盘体积小容量大，如图7-8所示的光盘及光驱也就逐渐被淘汰，很少能看到了。

计算机相关技术更新非常快，一二十年间就能看到一种技术异军突起，但很快就衰落，甚至被淘汰，像软盘、光盘等

图7-8　光盘与光驱

皆是如此，不再是几百年都没有多少变化的农耕时代。现在做应用技术工作，要看清发展趋势，获得了一项实用技术就要尽快应用，获得收益就可以紧跟时代步伐继续发展。

二、个人计算机的硬件

前面已经初步介绍了个人计算机的组成结构，此后又介绍了计算机用到的CPU、存储器和配件等，这里就可以更细致地介绍个人计算机的硬件了。

1. 计算机的主板

个人计算机以CPU为核心，内存与CPU紧密连接，一般外围还有支持音频输入/输出的声卡、支持显示的显卡，要有大容量的外部存储器存放程序，还要有连接键盘、鼠标的接口等，这些是个人计算机最基本的组成部分。

目前的台式个人计算机，是把安装CPU的插座、安装内存的插座、安装各种板卡的插座、连接其他配件和电源的各种插座及必要的芯片等做在一块印刷电路板上，称为主板，如图7-9所示。

计算机主板看上去元件很多，似乎很复杂，但如果标注上每个部分的名称及作用，就比较清楚了。

（1）CPU和内存插座

主板上一定会有CPU的插座，用于把特定型号的CPU安装上去。某些插座有对应的几种CPU型号，其他型号的CPU就不能使用，主板说明书上一般都会注明。

内存与CPU之间要快速传输大量数据，安装内存的插槽距离CPU都不会太远。

图7-9 一款个人计算机主板

内存就是DRAM，计算机的程序要放入DRAM才能运行。早期个人计算机的内存只有几十千字节，目前都在吉字节量级，是过去的几十万倍。

板上还常有北桥和南桥，它们实际上是配合CPU工作的芯片组（chipset）。

（2）BIOS和CMOS

主板上都有BIOS和CMOS，这是两种存储器。BIOS（basic input output system，基本输入输出系统）是一种ROM，其中存放的是计算机上电后首先要运行的程序和所用的数据，一般不能修改，关机后程序数据仍然保持不变。CMOS是一种SRAM，其中存放的是日期时间及一些配置信息，为避免掉电后丢失数据旁边会有一块纽扣电池供电，一般可用几年。笔记本电脑中就不需要这块电池了。

（3）扩展槽

计算机主板上还有板卡插座，也称扩展槽，可以将一些具有特定功能的板卡插入其中扩展计算机的功能，如视频采集卡、数据采集卡等。计算机可以扩展功能，是其优势之一，具有扩展槽的机型也就更加通用，功能更加灵活。我们现在称为声卡、网卡的声音处理、网络连接模块，早期就是插入扩展槽内的板卡，后来因每台计算机都需要，就成为主板上的标准配置，直接焊接到主板上了。

（4）键盘鼠标插口

现在的台式计算机基本都以键盘和鼠标为输入设备，主板上就要有相应的插口，两种插口外形尺寸一样，为了避免插错是用颜色来区分的。一些新型号的主板，可能不再设置鼠标的专用插口，就只能使用USB接口的鼠标。笔记本电脑一般是使用触摸板或触摸屏替代鼠标，如果不习惯也可以通过USB外接鼠标，但会占用一个USB插口。如果USB接口不足，可以使用USB扩展器（USB HUB）。

（5）硬盘接口

计算机需要外接硬盘存储程序和数据，主板上都设有硬盘接口，一般会有多个，便于接入多块硬盘，也便于硬盘间的数据复制。

（6）USB口

目前的计算机都要使用USB口，USB既可以作为输入也可以作为输出，不仅可以接U盘存入读出数据，还可以接入键盘、鼠标、Wi-Fi模块、蓝牙模块、音视频模块等。

（7）其他接口

早期的一些计算机主板有专用的打印机口，可以直接连接打印机，现在的打印机都已采用USB口或网口，有打印机口的主板基本见不到了。还有一些主板留有RS-232口，特别是工业用计算机中还有这种设计，家用或办公用计算机基本没有了。当然，主板要加电才能工作，也就需要有接入电源的插座。

可以看出，虽然计算机主板看起来很复杂，其实结构上仍然是存储和输入、输出等，只不过有多种存储器，也有多种输入和输出设备，并有一些预留的接口和插座。

知识扩展

声卡具有模拟声音信号与数字声音信号的相互转换功能，还包括了声音的输入/输出放大电路。目前大部分主板都把声音处理的这些电路直接焊接到电路板上，并有接麦克风及音箱的插孔。

显卡用于实现字符及图形等的显示，前面介绍的字库就是显卡使用的，用来把字符代码转为字符的字形并显示出来。有些CPU中集成了显卡功能，这时主板上就会有显示器的接口插座。主板上如果没有显示器接口，就要另配显卡，插入扩展槽中使用，用显卡板上的插座接显示器。集成显卡可以满足基本的显示需要，但未必能满足高端客户的需求。

网卡用于提供局域网的连接，上面有可以插入网线接头（水晶头）的8脚RJ45插座，当然还要有专用的网络处理芯片实现信号的转换功能。现在笔记本计算机大都内置Wi-Fi网卡、蓝牙网卡等，台式机如果想使用Wi-Fi联网要自己购置相应网卡。台式机连接Wi-Fi目前主要采用插入USB口的模块，这种模块体积小、价格低、插拔方便，更适合普通用户。联网也可以使用移动通信网，也就是手机使用的网络，不过要专门购置这种板卡或模块，并要到移动运营商处申请SIM卡。

技 术 说 明

从20世纪90年代开始，计算机主板上就出现了芯片组，并逐渐形成CPU、北桥（north bridge）、南桥（south bridge）的结构，如图7-10所示。北桥是从早期的管理内存的芯片发展而来的，后来成为高速数据通道的管理芯片。南桥主要管理其他的比较低速的设备。

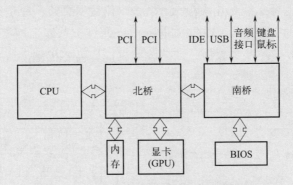

图7-10　具有北桥和南桥芯片组的计算机框图

从图7-10中可以看出，CPU、内存、显卡是与北桥芯片相连，计算机的PCI总线也从北桥引出，这些数据通道的数据率都比较高，而计算机的其他部件，如硬盘、USB、声卡、键盘鼠标等则接在南桥上。北桥与CPU联系更紧密，南桥是通过北桥与CPU连接。

随着CPU集成度的提高，有一些CPU已把北桥功能集成到内部，或同时内置GPU，这时计算机主板上就只剩南桥了。也有一些设计，CPU中也整合了南桥的功能，主板上南北桥就都没有了。

2. 计算机总线与接口

前面我们提到的USB，是universal serial bus的缩写，汉语就是通用串行总线，其具体规范及使用方法非常复杂。不过对于使用者来说就很简单，只要符合USB规范的设备，都可以连接到USB接口上使用，最多可以连接127个，计算机通过自动识别并做相应的操作。复杂的规范是提供给生产商的，要生产商去设计符合规范的USB设备。

bus在计算机领域就是指总线，是多根导线组成的数据通道，允许很多设备与其连接，共享这个通道来传输数据，这种方式可以降低连线的复杂度。这就如同修公路，修了一条干线公路，各个居民点都与其相连，就可以相互通达，不需要为每个居民点间都专修一条路，如图7-11所示。

计算机中功能部件很多，CPU内部的功能模块也很多，各部分之间一般都是通过总线方式传送数据的，如图7-12所示。总线一般分为数据总线（data bus，DB）、地址总线（address bus，AB）和控制总线（control bus，CB）三种，合称三总线。其中数据总线、地址总线都用宽度表示，如8位数据总线、12位地址总线等，也就是同时允许8位二进制数据、12位二进制地址通过。总线上连接了很多模块部件，不能同时都发送数据，谁发数据、谁接收数据，均需要控制，这是控制总线的功能之一。

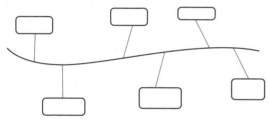

图7-11　主干道路与各个居民点示意图

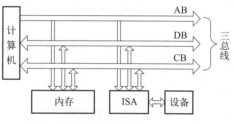

图7-12　计算机中的总线连接示意图

不过上面讲的三总线，一般是指CPU内部的总线。早期的计算机中也会把三总线延伸到计算机主板上，用来连接各种板卡等部件，像ISA总线就是如此。图7-13是一种使用ISA总线板卡的插接端（金手指）。

图7-13　使用ISA总线板卡的插接端

为了适应高速数据传输的需要，现在已采用新型的总线结构，比如PCI-E总线。图7-14为使用PCI-E总线板卡的插接端。

板卡就是一种具有特定功能的专用电

图7-14　使用PCI-E总线板卡的插接端

路板，可以插入计算机预留的扩展槽内，再配合相应软件就能与计算机协调工作。而插接端就是用于插入插槽的部分，上面有裸露的PCB铜箔，露出的部分一般都会镀金处理，厚度在微米量级，避免长期暴露空气中出现氧化造成接触不良。

连接硬盘目前主要采用SATA接口，连接其他外部设备则主要采用USB总线。

早期的IBM PC/AT计算机中，各部件之间使用ISA（industrial standard architecture，工业标准结构）总线，也称AT总线。ISA总线基本就是三总线的集合，可以支持声卡、显卡等多种板卡的工作。

ISA总线的数据线只有16位，是为了配合16位CPU而设计的。后来英特尔公司推出了32位的80386 CPU，ISA总线不能充分发挥CPU的性能，IBM公司曾推出微通道但无法兼容此前的ISA总线。1988年，Campaq（康柏）等厂商组成工业厂商联盟并联合发布EISA（extended industy standard architecture）总线，支持新的32位CPU，也兼容ISA总线。这种总线方式就成为市场的主导，连IBM公司这种原厂都难以抵挡。

随着CPU性能的提升，早期的把CPU三总线向外延伸的总线结构已经无法满足视频显示的需求，由几十家配件制造商建立了视频电子标准协会（Video Electronics Standard Association，VESA），在1992年推出了VESA总线。在这种计算机结构中，把计算机内部的总线分为两部分，CPU与内存之间的连接为主总线（main bus），而与其他部件之间的连接则使用局部总线（local bus），局部总线不受制于CPU的类型，有更好的适应性。

这种把计算机内总线分为两部分的方式被英特尔公司所采用，在1992年推出了PCI（peripheral component interconnect，外围设备互连）总线。英特尔公司是CPU制造商，对计算机的结构具有举足轻重的影响力，此后很长时间内PCI总线都是最常用的总线形式。到2002年，英特尔公司为了适应更高传输率的需求，推出了PCI-E（PCI express，快速PCI）总线，通过后续版本的升级，目前还在使用中。

不过上述计算机的总线，主要是通用个人计算机的总线，工业环境会有一些特殊要求，如Std总线、VME总线等，主要用于工业控制、军用系统、航空航天等领域。这些领域对传输的数据率要求不是很高，主要强调稳定性、抗干扰。但为了适应现今的技术发展，这些总线也在逐渐升级中。

技 术 说 明

ISA总线中共有98条信号线，其中包括了16位数据线、24位地址线，时钟为8兆赫，后来扩展的EISA总线使用了32位数据线，但时钟也是8兆赫。

此后出现的VESA局部总线，使用32位数据线，可扩展到64位，时钟33兆赫，最大数据传输率为132兆字节每秒。PCI总线也使用32位数据总线，最大传输速率132兆字节每秒，后来有了扩展为64位数据线的版本。

早前的一些计算机总线都采用的是多条数据线并行方式传输数据，但随着数据传输速率的提高，数据线之间的串扰会非常严重。为了减小干扰，目前高速传输都采用串行差分信号。PCI-E总线就是采用串行差分信号来传输数据，包括X1 ~ X32多个规格，分别代表提供1 ~ 32条通道，其中X1支持250兆字节每秒的速率，而X16能够提供4吉字节每秒的速率。后来在此基础上又发展了2.0、3.0版本，支持的速率可以翻倍。

面对传输速率的更高要求，硬盘接口标准也在更新。早期硬盘普遍使用IDE（integrated device electronics，集成电子设备电器）接口，也称ATA（AT attachment，AT嵌入式）接口，这是从IBM PC/AT时代就开始采用的，意思是AT计算机上的附加设备。IDE接口也是并行数据传输，使用40芯的排线连接，后来出现一种升级版本，改用80芯排线，为了控制干扰，其中40芯为地线，但即使如此传输速率也难以达到100兆字节每秒以上。

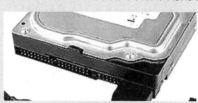

(a)IDE接口

现在普遍采用的是SATA（serial ATA，串行ATA）接口，由英特尔、IBM、Dell（戴尔）、Seagate等公司共同提出，也采用串行差分信号传输方式，仅使用4条线（不包括电源），速度可达150兆字节每秒，新的版本也有数倍的提升。图7-15（a）为IDE接口，

(b) SATA接口

图7-15　硬盘的连接接口

图7-15（b）为SATA接口。随着固态硬盘的逐渐推广，SATA总线也成为速度瓶颈，一些新的固态硬盘已经采用PCI-E总线的新版本，读取数据会更快。

　　USB是1994年由英特尔、Compaq（康柏）、IBM、微软等多家公司推出的技术标准，目的是替代当时计算机上很繁杂的各种专用接口，比如键盘接口、鼠标接口、RS-232串口、打印机并口等，最初的速率比较低，只设定为1.5兆比特每秒。USB接口的最初设计就是使用串行差分信号传输数据，在此标准上提速就比较方便，不用改变插口的结构就能提升到12兆比特每秒和480兆比特每秒，只是在一些体积比较小的设备上使用了小型接插件。USB接口可以允许连接127个设备，使用方便，现在也是手机、照相机等多种设备的主要接口。目前，USB已经开始采用type-c型的接口，并有了5吉比特每秒和10吉比特每秒的新传输速率版本。

　　计算机的显示接口，早期常用的是VGA（video graphics array，视频图形阵列）接口，也有的可以接电视机，后来出现了DVI（digital visual interface，数字视频接口）等接口，目前比较流行的是HDMI（high definition multimedia interface，高清晰度多媒体接口）。HDMI是2002年由日立（Hitachi）、松下（Panasonic）、飞利浦、索尼（Sony）等电视机制造商与芯片制造商SiliconImage为高清晰电视制定的接口标准，后来应用范围扩展到数字照相机、数字录像机、计算机显示器等领域，采用的也是串行差分信号。

　　有些总线标准是这个领域的大公司（如IBM、英特尔）制定的，也有一些是多家厂商联合发布的。个人计算机是开放式结构，有诸多厂商为其提供配件，为了保证各家厂商出产的配件可以协调工作，就形成了一些专业性的组织，一般包括芯片、配件、整机制造商和软件企业等多方面成员。这些企业和组织发布的技术规范和标准并没有行政上的强制力，但常常有市场的号召力，符合规范的配件可能会被广泛采用，得到快速成长的机会，不符合的就可能惨淡退场。

　　这些企业和组织之间也有一些竞争关系，因此需要不断推出适合现实需要的新技术规范，如果反应迟缓跟不上时代变化，就可能被其他组织超越，相应的规范标准就可能被淘汰。市场竞争的优胜劣汰，是个人计算机快速发展的助推力量。

3. 计算机的启动流程

从个人计算机的启动和运行，可以看出一部分部件所起的作用。计算机的核心是CPU，工作流程都是由CPU控制的。CPU运作要有程序，上电运行的程序存储在BIOS中，计算机加电后就是从BIOS开始运行的。

BIOS主要用来实现最基本的计算机配置功能，其中的程序包括哪些，其实各家厂商及不同型号的计算机还是有些差异的，而且也在逐渐变化中。比如过去的计算机有软驱或光驱，BIOS中必须要有能使软驱、光驱正常工作的相关程序和配置，现在一般就没有了。目前计算机的程序和数据主要是存储在硬盘中的，为了能读取硬盘中的数据，BIOS中就要有配置硬盘并使硬盘正常工作的程序，还需要有初级的显示程序，可以在显示器中显示基本的字符信息，并要有键盘相关程序，这样计算机启动时键盘就能起作用了。

BIOS运行完成，键盘、显示器、硬盘等输入/输出设备就可以正常工作了，然后就可以读取硬盘中的一些系统程序。BIOS容量比较小，一般只有256千字节或512千字节，只能完成最基础的功能。要实现更多、更复杂的功能，如声卡、网卡的驱动及图形界面的显示等，就要启动存储在硬盘上的程序。硬盘上的系统程序运行完成，就会出现一个相应的界面，如Windows桌面，用户就可以正常使用了。

知识扩展

如果用户要让计算机去完成某个操作，比如打开一个文本文件查看其中的内容，就要使用对应的命令。在Windows系统中使用鼠标双击文本文件，就能显示其中的内容。在实际运行中，计算机其实是先把查看文本文件的程序从硬盘中读入内存，然后运行。这个查看程序会把相应的文本文件也读入内存，并根据每个字符的编码使用对应的字库通过显卡输出到显示器中显示。

磁盘上的程序要运行，都要先从磁盘读入内存。计算机启动后，会有一些程序和数据常驻内存中，占用一些内存空间。如果内存容量较小，剩余可用的内存就可能不足，运行比较大的软件时就无法把存储在硬盘上的程序及数据都读入，只能分批读写，频繁读写硬盘会花比较多的时间，运行就会比较慢，等待读写硬盘时也可能出现卡顿。如果同时运行的程序比较多，系统处理不过来，甚至可能卡死。

目前的计算机键盘是个小系统，由MCU进行管理。键盘中有按键按下或抬起，都会产生一个对应的代码，通过键盘接口传给计算机主机，这样就可以区分是某个键长按，或者只是按了一下。而后则根据具体的代码，交由相应的程序来处理。

技术说明

在BIOS运行过程中，一般可以通过按住某个按键或按键的组合进入一个配置界面，其中包括多项选择，如设置管理密码、选择磁盘启动顺序等，供专门的技术人员在计算机更改设备后（如更换不同接口的硬盘），仍能使其正常启动，也常用于排除故障。设置后的选项是存储在CMOS中的，BIOS启动时需要读取CMOS中的一些内容，然后使计算机正常启动。如果台式机的纽扣电池没电了，CMOS中保存的配置信息丢失，会出现开机就显示配置界面的现象。

当然，只有了解一定的计算机知识，才能进行相应的配置选择，而且很多主板的配置界面使用的是英文（也有主板可以设置使用的语言），不熟悉的人可能看不懂。图7-16就是一款计算机的配置主菜单界面，还有一些次级菜单，项目很多，涉及很多计算机的专业知识。BIOS配置界面的选项，不同主板也各不相同。

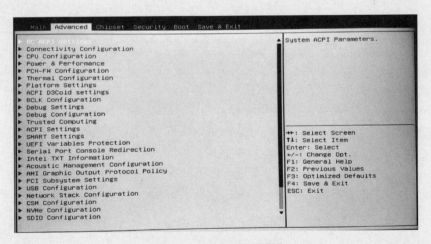

图7-16　计算机的配置界面

计算机的内存是DRAM，DRAM也有细分的类型，现在计算机中一般使用的是SDRAM（synchronous dynamic random access memory，同步动态随机存取存储器），并有不同的读写速度差别，因此前面会有缩写符号，如DDR（double data rate，双倍数据速率）、DDR2、DDR3、DDR4、DDR5等名称，并在不断发展中。内存的型号比较多，使用的电源电压等也有些差异，不是可以随便使用的。

8

第八章
计算机软件

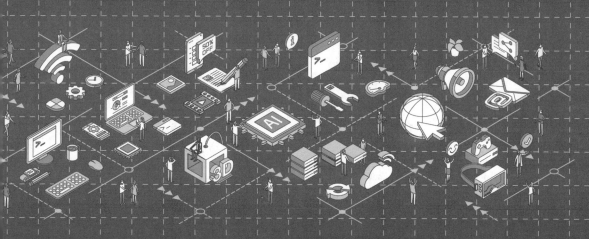

一、可编程技术与软件

目前提到的计算机都是可编程的，也就是通过编写让计算机运行的程序来改变计算机的操作。不过，这种方式是后来才出现的，早期的计算机只能进行某些特定的计算。

1. 计算机与计算器

虽然从科技史上说，最早的计算机是机械式的，但从严格意义上讲，这些计算机应称为计算器（calculator），只能做加减乘除等特定的计算，与目前市面上的计算器功能一致。

计算机，英语中使用computer，最初是指执行计算的人，后来转为指机器，是指一种可以进行编程计算的机器，与仅能进行特定计算的计算器不同。目前所说的计算机，都具有可编程能力，不过科技史上的一些计算机很多并不可编程。

机械时代的计算机都不可编程，早期的继电器计算机也不可编程，不过像康拉德·楚泽的Z-3和艾肯的Mark Ⅰ继电器计算机被认为是可编程的。电子管时代的ABC计算机也不能编程，而ENIAC计算机虽然可以改变计算方法，但需要花几天时间去改变接线板上连接的导线，非常不方便。早期的那些计算机，有的名称使用计算机（computer），有的则使用计算器（calculator），并不一致。

后来，冯·诺依曼等人提出了建造电子计算机的一些新思想，其中包括使用存储程序的方式，此后的EDVAC、IAS等计算机都具备了可编程能力，这才有了现代意义上的计算机。此后计算机就与计算器区分开了，在名称使用上也逐渐分开。

现在我们所说的计算机，已经不是最初的"可做计算的机器"的字面含义，而是指可以进行编程的一种计算设备。计算机的硬件（hardware）只是搭建起一个运行平台，计算机具体要做的操作则是由程序来实现的。计算机程序，加上程序所需要的数据还有一些配套文件等，统称为软件（software）。

> **知识扩展**
>
> 虽然机械时代的计算机并不可编程，但最早的可编程的机器是在机械时代出现的，这是一种纺织机器——提花编织机（图8-1）。1725年，法国里昂的机械师巴斯勒·布乔（Basile Bouchon）使用穿孔纸带的方法操纵编织针形成了编织图案。

　　这种方案几经修改，换成一种厚纸板做的卡片，上面有多排孔，多张卡片组合使用就能自动完成一种编织图案，这是由法国人约瑟夫·玛丽·雅卡尔（Joseph Marie Jacquard）完成的，最多能同时操纵1200根编织针，可以编织出精美的图案。在1805年的里昂工业展览会上，这种提花编织机受到当时法国皇帝拿破仑的赞赏，并授予了勋章。

　　使用穿孔纸带和卡片的自动控制方式也沿用了下来，直到20世纪50年代，早期的电子计算机还在使用这种方法输入数据并存储程序，当时的计算机程序就是这样一卷卷的纸带或卡片，如图8-2所示。当时的程序员并不是坐在计算机旁敲键盘，而是使用打孔机为纸带打孔。

图8-1　提花编织机

图8-2　穿孔纸带

技术说明

　　织布，其实就是用经线（纵向线）和纬线（横向线）相互交错穿过的过程。如果是织一种颜色的布，把奇数的经线固定在一个装置上，而把偶数的经线固定在另一个装置上，两个装置一上一下，不断交替位置，每次交替位置之间有梭子牵着纬线在中间穿过，形成一个个交叉，就能形成平整的布。图8-3为手工织布机。

　　但如果要在上面形成图案，就比较麻烦了，

图8-3　手工织布机

经线不再是固定地奇偶分开，而是要不断地变化。为了达到这种目的，必须按预先设定的图案，人工提起一部分经线，让梭子牵引某种颜色的纬线通过，然后再提起另一些经线，让梭子牵引另一根纬线穿过，如此重复下去。因为每次提起的经线编号不同，要不断改变，操作很烦琐，也很慢，要耗费大量人工成本。

穿孔纸带方法，是使用一排编织针来控制经线运动。在一卷纸带上打下一排排的孔，压在编织针上。机器启动后，正对的位置有孔的编织针就能穿过并勾起对应的经线，而没有孔的编织针对应的经线就不能被提起，下一循环时用纸带上的另一排小孔来控制，这样被提起的经线就不同了。如此反复，小孔位置的变化就改变了被提起的经线，也就改变了最终形成的图案。

穿孔卡片方式还曾用于人口普查。19世纪后期，美国每十年要进行一次人口普查，但事后的数据统计汇总非常耗时，1880年对5000万人的普查数据是花了7年半时间才得到结果。参加过1880年人口普查的赫尔曼·霍尔瑞斯（Herman Hollerith）有了切身感受，就采用穿孔卡片方式设计了制表机并于1888年申请了专利，后来用于1890年的人口普查中。霍尔瑞斯设计的统计卡片，每一调查项都由调查员通过对应位置打孔的方式来记录，如性别的男或女、年龄的各个区段等，把这种卡片放置在机器上，如果卡片上对应位置有孔洞，金属探针就能接通电路并使对应的计数器加一，这是一种机电式的计数器。霍尔瑞斯设计的制表机在人口普查中获得成功，每台机器可替代500人的工作，只花了1年多时间就得到了统计数据。

在美国这种商业社会，政府搞人口普查，使用的技术和设备也要付费，而霍尔瑞斯的要价高，与政府机构谈不拢，此后的人口普查就不再使用霍尔瑞斯的制表机。霍尔瑞斯则建立起了制表机公司，用于商业领域的统计计算，这是IBM公司的前身之一。依靠这种制表机业务，公司拥有了上千名雇员，营收达到了数百万美元。

2. 计算机软件的发展

早期的电子计算机，硬件非常昂贵，设计也是专有的，计算机公司主要是卖硬件，软件随同机器附送。那时的计算机软件，主要是为了完成一些科学计算、商业金融管理等方面的工作，这些是研究机构、商业企业所需要的。

当时的计算机系统都是封闭的，数量也比较少，其他人很少有机会去了解其内部的组成结构，计算机软件基本也就只能由计算机设计制造公司的人员去编写，或由协作机构的人编写。后来小型机开始流行，市场上的计算机就比较多了，一些用户已经不满足于只用计算机公司提供的软件，开始尝试按自己的需要去写程序，包括写一些工作之余的消遣程序。

自从个人计算机以较低的价格开拓市场，就有人开始为这类计算机编写程序并以此获利，出现了商业软件公司，如Lotus（莲花）、微软等。IBM PC计算机的开放结构，吸引了很多开发者为其提供各类软件，包括操作系统软件、办公应用软件、商业管理软件、绘图软件等，当然还有游戏，各式各样，五花八门。正是由于有如此多的软件，才使个人计算机的可用性大大增加，让人觉得新鲜，好玩好用，吸引更多人去购买。

个人计算机的快速增长，形成技术热潮，吸引大批人去学习编写程序。有的软件公司适时推出了应用程序的开发软件，降低了写程序的门槛，Borland（宝兰）公司的Turbo Pascal和Turbo C开发软件就很出名，也有相关教程。由于有了这些开发软件，对编程感兴趣的人学习几天教程就能写出程序，大量程序员随之出现，软件数量也随之爆发式增长。

后来，微软公司通过推出Windows操作系统占据这个平台，Borland公司虽然也很快推出适应图形界面的开发软件Delphi、C++ Builder等，如图8-4（a）所示，但占比逐渐降低，影响力也逐渐变弱。微软公司推出的Visual Studio开发软件占据了主流如图8-4（b）所示，也扩大了收益。

(a) Borland公司的Delphi
开发软件

(b) 微软的Visual Studio
开发软件

图8-4 个人计算机程序开发软件

随着互联网技术和手持设备的发展，软件发展热点已经从个人计算机领域转移，很多程序改为在浏览器上在线运行或在手机上运行，不联网的单机软件变少。也有人不喜欢被微软公司独占的Windows平台，转去Linux平台开发软件，使Linux操作系统的占比有了明显提升。

现在微软公司新版本的Visual Studio开发软件有了社区版，可以免费下载使用，希望能让软件开发者回流。

知识扩展

计算机程序员中流行的词汇bug（指程序中未被发现的缺陷或漏洞），据说是在使用继电器计算机时出现的。当时发生了计算机突然失效的故障，程序员就去查找原因，最后发现是一只虫（bug）卡在一个继电器的触点之间，造成开关不能接通，用镊子夹出后就恢复正常了，找问题就成了除虫（debug）。这种说法就随着计算机在全世界的普及而逐渐流行开来了。

3. 计算机软件的分类

自从个人计算机出现，硬件就不再是唯我独尊的地位，软件逐渐成为计算机舞台上的重要角色。各种软件层出不穷，很多软件公司起起落落，演出了一幕幕好剧。也因为各类软件的丰富，让个人计算机最受欢迎。

计算机软件，主要分为系统软件和应用软件两大类：系统软件主要用来管理计算机的各个组成部分，使其能协调工作，操作系统就是系统软件，其他还有硬件驱动程序等；而应用软件则是为了实现一种特定功能的软件，如字处理、电子表格、数据库、图像处理、视频播放等。应用软件是运行在系统软件之上的，受系统软件管理，一般不能直接操控计算机硬件，而要通过系统软件来操作。

计算机硬件、系统软件、应用软件之间的关系如图8-5所示，计算机硬件为核心，系统软件直接接触计算机硬件并将其包裹住，应用软件则是运行在系统软件之上，不直接接触硬件。

图8-5 计算机硬件、系统软件和应用软件的关系

有一些专用的计算机，如一些智能设备，硬件资源有限，难以运行操作系统这类系统软件，应用程序直接在硬件上运行，称为裸机运行。不过随着CPU、MCU价格降低而性能提高，已有更多的智能设备可以运行一些简单的操作系统软件。

二、操作系统软件

性能比较高的计算机，开机后都会自动运行一些程序，提供一个比较好的用户界面，还能自动管理内存、磁盘等内部资源和输入输出设备。这个由计算机程序提供的用软件搭建的用户平台就称为操作系统。

1. 操作系统的出现

早期的计算机并没有操作系统，控制面板上设有很多开关及按钮，还有一些指示灯，操作非常复杂，必须对计算机的结构及工作原理非常了解才能使用。当时的很多计算任务都是交给少数的计算机专家，由他们编制相应程序，然后把运行结果反馈给用户，如图8-6所示。

图8-6 早期计算机的操作台

电子管的计算机造价高昂，又很耗电，运行费用就很高，而且费用是按时间计算的。很早就出现了多任务批处理管理程序，通过将多个要运行的程序进行适当调度，来减小每个用户占用计算机的时间，不过这种管理程序在每种计算机上都要重新编写一套。后来，IBM公司在自己的大型计算机上设计了一套比较通用的管理系统程序，使这个系列的计算机都能使用，屏蔽了底层计算机结构上的差别。

随着技术发展，出现了晶体管、芯片组成的小型和大型计算机，但主机价格仍然很高，由多个用户共享这台主机。主机

图8-7 多用户计算机的操作终端

接有多个由显示器及键盘组成的用户终端，如图8-7所示，每个用户都在终端上操作，由主机进行调度管理。

为了协调多用户的操作，就出现了一些管理程序，如CTSS（compatible time-sharing system，兼容分时系统）、MULTICS。1969年，在MULTICS系统研制暂停时，参与项目的贝尔实验室的肯尼斯·莱恩·汤普森（Kenneth Lane Thompson）和丹尼斯·里奇（Dernis Ritchie）在一台小型计算机上开发出了支持两用户同时运行一个游戏的管理程序。通过在此基础上的不断修改，管理程序在1974年正式对外发表，这就是对此后影响很大的Unix操作系统。

Unix发表后，引起业界的广泛兴趣并索取源码，并成为大学相关课程的范例。贝尔实验室的母公司AT&T注意到了其商业利益，开始与大学签订"仅用于教育目的"的协议，后来的新版本更是作为商业秘密不再允许大学使用源码。但早期的Unix源码流传很广，一些机构及人员通过在此基础上的裁剪和修改，形成了一系列Unix的变种。

1991年，在芬兰赫尔辛基大学（University of Helsinki，UH）上学的21岁的林纳斯·托瓦兹（Linus Torvalds）在学习类Unix的minix操作系统时，开始写一款新

的操作系统，并在minix新闻组上发布了
消息。此后，有100多名程序员参与了代
码的编写和修改工作，核心组有5人，到
1994年发布了Linux 1.0，这是一个开放源
代码的操作系统内核。由于Linux的开源，
很快在全世界流行开来，并有多个基于这

图8-8　Linux操作系统的标识

种内核的操作系统软件包（发行版）出现，比较出名的有RedHat Linux、Debian、
Ubuntu、OpenSuse等，还有在其上开发的图形界面，如X Window、CentOS、
Android。国内很多操作系统也是基于Linux开发的，在一些特定领域被使用。Linux
操作系统的标识如图8-8所示。

　　Linux目前是应用领域最广的操作系统，不仅用于个人计算机，还用于服务
器和嵌入式系统，有些巨型机也采用。但在个人计算机领域，占有率最高的是
Windows操作系统，苹果公司出产的个人计算机有自己开发的操作系统。

技 术 说 明

　　最早出现的分时（time sharing）系统是CTSS，这是1961年Project
MAC组织为IBM公司的最后一款电子管计算机IBM 709开发的管理软件，后
来又为晶体管计算机也开发了这种软件。

　　分时操作系统的一台主机连接了若干个终端，每个终端可提供给一个用户
使用。分时是将计算机的处理时间划分成若干个片段，称为时间片，操作系统
以时间片为单位，轮流为每个终端用户提供服务，并在终端上向用户显示结果。

　　分时系统能允许多个用户分享同一台计算机，多个程序分时共享硬件和软件
资源，总体上看就像同一时间内完成了与多用户的交互，提高了计算机的利用率。

2. 个人计算机操作系统

　　最初的8位CPU没有足够资源，只适合个人使用，一般也不会同时运行多个
程序。加里·基尔代尔（Gary Kildall）在小型机上编写的CP/M（control program/
monitor，控制程序或监控器）正适合这种场景，1975年开始陆续被各家厂商采用，
成为8位CPU系统中的实际标准。1979年，Seattle Computer（西雅图计算机）公

司开发了用于英特尔8086 CPU的CP/M，后来被称为86-DOS。1981年，微软公司将这款软件的版权买断，并将其改名为MS-DOS用于IBM PC计算机。当时的个人计算机，系统软件是从软盘启动的，也需要管理软盘上的各种数据文件，这种操作系统就被称为磁盘操作系统（disk operating system，DOS）。

开始时IBM PC计算机可以运行多种操作系统，微软公司的MS-DOS以低价或免费提供方式脱颖而出，占据了主要的市场份额，微软公司的主要收益来自基于MS-DOS系统的各种应用软件。随着MS-DOS市场份额的不断攀升，微软公司的各种应用软件也大量售出，获得了继续发展的资金。而早期的开发者基尔代尔提供的操作系统售价较高，采用的用户很少，就在商业竞争中落到下风，没能跟进后来的技术进步，成为计算机历史中的记忆。

DOS操作系统是命令行方式的，用户要记忆大量命令才能使用。1985年微软公司开始推出图形界面的Windows，不过直到1990年之后推出的Windows 3.x才获得用户认可。当时的图形界面其实还只是运行在DOS系统上的一个界面程序，操作系统还是DOS。

1995年，微软公司推出了Windows 95，这已是一个完整的图形界面的操作系统。此后微软公司陆续推出了Windows 98、Windows 2000、Windows XP、Windows 7等版本，目前已经发展到Windows 11。以微软系统在个人计算机市场的占有率，单是Windows系列操作系统的销售就获利丰厚。

Windows操作系统，在国内也被称为视窗操作系统。由于使用了图形界面，用户只需要使用鼠标就能操作，不需要记忆大量操作命令，降低了使用难度，很受用户欢迎。Windows操作系统是面向由英特尔主导的x86内核CPU开发的，也就只能运行在使用这类CPU的计算机中。微软公司和英特尔公司的这种关系，在国外被称为Wintel联盟，通过两家公司的密切合作，占据了个人计算机市场的大部分份额。

知识扩展

最早研究图形界面并使用鼠标的是施乐（Xerox）公司，其下属的帕罗奥多研究中心（Palo Alto Research Center，PARC）在1973年推出的 Alto计算机就是图形界面，但这款计算机并不是使用单芯片的CPU。图8-9（a）为施乐Alto计算机。

乔布斯在参观施乐公司的产品后受到启发，在1983年推出以其女儿名字命名的具有图形界面的个人计算机Lisa，官方解释为"局部集成软件架构"（local integrated software architecture）。这款产品在技术上是超越那个时代的，但售价接近1万美元也超高，超出了用户的承受力，只销售3年就被终止，未卖出的被扔进垃圾填埋场。图8-9（b）为苹果公司的Lisa计算机，顶上是外置的硬盘。

(a) 施乐公司的Alto计算机   (b) 苹果公司的Lisa计算机

图8-9 早期使用图形界面的计算机

技术说明

操作系统是计算机启动后要运行的程序，并要一直占据内存，只有内存较多、性能较强的计算机才会使用操作系统。

在一些比较低端的应用中，比如MCU系统，大多并不使用操作系统，而是裸机运行用户编写的程序，这就需要对硬件结构非常了解，包括程序和数据存放的位置、位宽大小、输入/输出口地址等，才能使系统正常工作。而且，这样写的程序通用性比较差，换了硬件有差异的系统基本就不能正常运行。

有了操作系统，就可以通过软件把一些硬件差异屏蔽住，用户在操作系统之上编写的程序就有了比较好的通用性。比如，现在编写的在Windows上可以运行的程序，在酷睿i3、i5、i7等很多CPU上都能运行起来，甚至在更早的赛扬（Celeron）CPU上也能运行，普通用户就不是很需要关注具体的CPU型号。但如果操作系统有比较大的差别，比如Windows10与WindowsXP，有一些软件的运行就不正常了，更不用说Windows与Linux这样的差异了。

3. 操作系统的分类

经过几十年的发展，计算机的类型很多，也就有了不同的操作系统。

（1）单用户与多用户操作系统

按支持的用户数量不同，操作系统可以分为单用户操作系统和多用户操作系统。早期的操作系统是从大型机、小型机的多用户管理系统发展而来的，都是多用户操作系统，如Unix、Linux等。而个人计算机的操作系统，如MS-DOS，就是单用户操作系统。

不过，随着个人计算机性能的提升，已经超过之前的大型机，从DOS发展起来的Windows操作系统也支持多用户，特别是服务器的版本，就是多用户的操作系统。但一般家用、办公用的个人计算机，基本还是以个人使用为主。

（2）个人计算机操作系统

个人计算机数量最多，应用范围最广，目前个人计算机的操作系统主要为三种：Windows系统占据主要的市场份额；苹果公司的计算机因系统封闭占比小，使用的Mac OS等操作系统也不太受关注；使用Linux操作系统的个人计算机近些年有些增长，但一般是命令行方式，操作和使用需要学习较多的知识，更多是专业人员在使用。为了使Linux更加易用，有多家机构开发出了图形界面，版本多，差异大，还没有被广泛采用的图形界面系统。

（3）嵌入式操作系统

有一类专用计算机被称为嵌入式系统（embedded system），大多数是以CPU为核心的智能设备，其中一部分采用Linux操作系统，有的是对Linux内核做了裁剪更改，更适于这种设备工作，如µClinux。嵌入式设备的CPU如果采用x86内核，也有采用Windows操作系统早期版本或使用嵌入式版本的，毕竟在Windows平台上的开发工具比较多，熟悉操作使用的人也多。

但要能运行Linux、Windows这些操作系统，对硬件要求比较高，也会推高系统的成本。一些较简单的设备，没有那么好的硬件资源，就只能采用一些简单的操作系统，目前比较流行的是µC/OS、eCos、FreeRTOS、RT-thread等。一些嵌入式操作系统标识如图8-10所示。因为智能设备越来越受重视，Apache基金会也推出了Mynewt这种实时操作系统，还有一些厂商为自家出产的CPU、MCU专门开发了或定制了简单的操作系统。这些操作系统，有些是开源免费的，也有一些商用需付费。

另有一款VxWorks嵌入式操作系统，是美国

(a) FreeRTOS标识

(b) VxWorks标识

图8-10　一些嵌入式操作系统标识

Wind River System（风河系统）公司的商业软件，因性能优异被用于通信、军事、航空、航天等高技术领域，但价格高昂，民用品中很少见到。

（4）常见的操作系统

Windows操作系统风光无限，在个人计算机领域独领风骚，也占有服务器领域的很大一部分份额，有服务器使用的Windows Server版本，还推出了嵌入式系统的Windows Embedded版本，但仅用于x86内核CPU的计算机。微软公司还推出过用于手持设备的Windows CE、Windows Mobile等操作系统，但软件体积较大，支持的应用程序又比较少，市场占比一直不高。据介绍Windows近些年还推出了ARM内核CPU的版本，不过实际中难以见到。

在个人计算机之外，更多使用Unix、Linux这类操作系统，特别是Linux，因为开源，被广泛采用作为操作系统内核，用于服务器、超级计算机等。

技 术 说 明

计算机的操作系统为让很多程序能同时运行，使用分时多任务方式。不过在这样的分时操作中，一个程序要先放入任务队列，等待前面程序的时间片结束才有运行的机会，也就会有一些延时。如果要运行的程序比较多，可能就要等待比较长的时间。

而在一些嵌入式系统中，某些程序必须马上处理，某些程序不太重要延缓一些也没有关系，比如手机有电话到来就要马上接听，玩的游戏可以暂停。为了适应这种需要，一般把程序设定不同的优先级，优先级高的可以抢先运行，优先级低的程序就必须等待高优先级的程序运行结束后才有机会运行，这种方式称为抢占式优先级。

嵌入式设备使用的操作系统一般都是实时操作系统（real time operating system，RTOS），实现实时处理的方式有多种，抢占式优先级是比较常用的一种。

三、应用软件

应用软件数量庞大，涉及方方面面，而且层出不穷。可以把应用软件粗略分为办公软件、多媒体软件、开发软件、数据库软件、工程软件、教育软件、游戏软件等，使用比例较高的应是办公软件、多媒体软件、游戏软件、安全软件等，还有一些工具软件。

1. 办公软件

办公软件应是个人计算机上较早出现并获得成功的一类软件，个人计算机从出现到现在，办公都是其最主要的用途之一。微软公司的商用办公软件称为Office，如图8-11（a）所示，其中字处理Word、电子表格Excel、演示文稿PowerPoint为其标配，过去还曾包括数据库Access、电子邮件Outlook等，现在则改为数字笔记OneNote。

(a) 微软的Office办公软件

早期的办公软件只能处理拉丁字母文本，扩展字库可以支持中文等其他文字，但还是有一些问题，如删除字符常常出现乱码。中国的技术人员就开发出了基于中文的办公软件，如DOS时代就流行全国的WPS字处理，在图形界面操作系统出现后跟随升级，因免费一直很受欢迎，如图8-11（b）所示。现在WPS也包括了电子表格、演示文稿等功能。

(b) WPS办公软件

图8-11　常用的办公软件

除此之外，Apache基金会还开发出了开源的OpenOffice办公软件套件，还有其他一些公司也有类似的办公软件产品。

知识扩展

电子表格是办公软件的重要组成部分，最早是在Apple Ⅱ计算机上出现的。Apple Ⅱ计算机刚推出时，能使用的软件并不多，主要用于学校教授Basic编程。此时，一款VisiCalc软件改变了这种状况。

VisiCalc是丹·布莱克林（Dan Bricklin）和鲍勃·弗兰克斯顿（Bob Frankston）于1979年在Apple Ⅱ计算机上开发的电子表格软件，这款软件被后世认为开启了商用软件的历史。很多企业都需要做商业报表、财务分析等，手工去做这种报表费时费力，一个数据变化，就要手动修改大量的相关数据，非常麻烦。有了电子表格软件，就可以把很多复杂的工作通过计算机来完成，一个数据改变就能让相关数据也随之自动更改，由此引起商业公司的兴趣，一些公司就是为了使用这款软件才采购Apple Ⅱ计算机。

出现IBM PC计算机后，米奇·卡普尔（Mitch Kapor）很快将电子表格的创意用于这款计算机，推出了广受欢迎的Lotus 1-2-3。凭借这类软件，卡普尔的Lotus公司迅速成长，成了当时最大的纯软件公司，拥有上千名员工。后来卡普尔还收购了布莱克林拥有的公司，这也结束了两家公司的专利之争。Lotus公司标识如图8-12所示。

Lotus software

图8-12　Lotus公司标识

在VisiCalc和Lotus大放异彩的时候，微软公司还是一个小弟在后面紧紧跟随，后来通过为苹果公司的Mac计算机开发出了电子表格软件进入这个市场。不过，随着微软公司逐渐获得IBM PC系列计算机操作系统的绝对占有率，并推出一代代的图形界面的Windows操作系统，就把其他软件公司一个个掀翻，成了软件业的绝对霸主。Lotus公司后来被IBM公司收购，成为其子公司，不过很长时间内还保留着其品牌。

2. 多媒体软件

多媒体主要包括图形图像、音频、视频等多方面。个人计算机初期，已经有了播放音频、显示图像的功能。当时计算机的内存比较小，而声音、图像又比较占用内存空间，只能播放比较短的音频，显示较小的图片，还出现了一些编码方法对音频和图像进行压缩。

在一段时间内，图像、音频、视频的压缩编码、解码成为计算机领域的研究重点之一，方法很多，造成格式复杂多样。当时出现了很多出色的播放器，如DivX、Xvid等，并有各种格式的转换软件。近些年，音视频格式逐渐趋向统一，而且Windows系统已经内置了比较好的播放器，商用软件逐渐转向图像的专业处理、音视频的剪辑和特效制作等方面。

图形绘制、图像处理软件方面，高端的主要是Adobe公司出品的多款软件，特别是Photoshop，如图8-13（a）所示，基本是图像处理方面的顶级软件，其缩写PS

被广泛使用表示对图像的后期加工制作。但Photoshop功能太复杂，学习使用要花比较长的时间，而且是商业软件，非专业的更喜欢简单易用的免费软件，如光影魔术手，其他类似功能的软件还有GIMP、Darktable、PhotoDemon等，现在还出现了一些图像在线处理的软件。Photoshop主要用于点阵（bitmap）图像的处理，而Adobe Illustrator则面向矢量图形，处理矢量图的还有Inkscape等软件。

(a) Photoshop图像处理软件　　　　(b) Premiere视频处理软件

图8-13　Adobe公司的图像和视频处理软件

Adobe公司也有视频处理软件，如Adobe Premiere，简称PR，如图8-13（b）所示，也因太专业而不太容易使用。视频内容目前是多媒体的热点，相关的应用软件比较多，竞争激烈，如DaVinci Resolve、HitFilm Express、Filmora、Lightworks、Olive、Lumen、OpenShot、Shotcut等。功能多的软件往往使用比较复杂，简单易用的往往功能比较单一。近些年国内短视频发展迅速，带来视频剪辑处理的大量需求，也就出现了像剪映、快影、快剪辑、爱剪辑、必剪等大量的国产视频处理软件，国内用户更喜欢中文界面的国产软件。

随着人工智能的发展，已经出现具有抠图、换背景、旧照片修复上色、照片艺术化、视频特效等功能的软件，还有文本生成图片、图片生成图片、图片生成视频、文本生成视频的试验用软件，有些软件还能通过文本生成名人声音（声音克隆）并为视频添加解说。多媒体应用是人工智能目前重点开拓的领域，很多软件都会逐渐加入这方面的特性，吸引用户购买使用。

3. 电子书与软件

办公软件中包含的Word这类字处理软件，内容是可以修改的。但很多时候不希望其他人修改内容，只提供阅读，如产品规格说明书等，一般是使用Adobe公司推出的PDF（portable document format）格式，产生这种文件要使用商用软件Adobe Acrobat。PDF文件格式在技术及商业领域应用广泛，也就出现很多能产生PDF文件的软件，有的办公软件也加入了转为PDF格式的功能（如WPS），而浏览器等一些应用软件已可以直接打开PDF格式的文件进行阅览。

随着网络的兴起，电子书（eBook）也流行起来，国内常用CAJ（China academic journals，中国学术期刊数据库）格式，要使用CAJViewer来打开阅读，从名称上就能看出这是专注于学术研究领域的电子书。

对大多数普通读者来说，更喜欢数字期刊、网络小说这类，国际上流行的格式比较多，如ePub、JAR、CHM、MOBI、IBA等，其中ePub是国际数字出版论坛（international digital publishing forum，IDPF）提出的格式，很多数字阅读软件都支持，还有一些格式是相关的商业机构推出的。

电子书，有的可以使用浏览器在线阅读，也有手机App阅读方式。目前电子书的格式与阅读软件比较纷乱复杂，还处在"春秋战国时代"。

4. 游戏软件

计算机上的游戏一般人都玩过，微软公司的Windows系统最初就自带几款小游戏，如扫雷、纸牌等，很受欢迎。其实从电子计算机开始出现，就有人开发了一些游戏。Unix开发的初期就是为了把一款游戏移植到小型机上游玩。当时也出现了一些棋类游戏，通过对下棋软件的开发也产生了早期的人工智能算法。

自从出现了个人计算机，就出现了大量的游戏软件，当时不少人购买个人计算机当作游戏机，一些游戏也曾风靡世界。随着游戏玩家的要求不断提高，游戏软件为达到更加逼真的效果，就需要在CPU、显卡等计算机硬件性能上不断提升，也需要2D、3D图形显示等方面的算法，这都促进了计算机技术的发展。随着互联网的普及，联网游戏成为主流，单机游戏逐渐没落，智能手机出现后，游戏又很快转移到手持设备上。

5. 安全软件

安全软件曾非常流行，因为当时存在很多计算机病毒。所谓计算机病毒，其实就是一些恶意代码，隐藏在计算机程序或磁盘等地方，在程序和数据复制时像病毒一样到处传播。受感染的计算机平时看不到症状，能隐秘传播扩散很长时间，一旦暴发，轻则干扰计算机运行，重则让计算机丢失数据，甚至让中毒的计算机无法开机使用。历史上出现过多次全球流行的计算机病毒感染事件，造成了非常大的损失。因此，一些软件公司就开发出了多款可以查找并清除病毒的安全软件，如卡巴斯基等，流行世界，国内也有一些软件公司以此起家，如360公司。

过去安全软件基本是每台计算机的必备，开机后就在后台运行，有了这些安全软件的防护，用户可以比较安心地使用计算机。后来一些安全措施被计算机系统软件所采用，而且程序数据等的传播现在主要是通过网络，如果软件来源可靠，软件安全基本就有保证。

到了网络时代，也出现一些网络病毒，主要是盗取网络账号及密码等，并有勒索病毒，还是要小心防范。而对付一些网络攻击，主要依靠专业技术人员去管理好网络设备。

总体上计算机的安全形势相比过去有所改善，一些安全软件公司的主要业务也转向其他方面，如计算机性能诊断、磁盘上的垃圾文件清理等，也有的转向为企业开发数据加密等软件。但也有公司剑走偏锋，开发出一些垃圾软件，意外装入后会不断出现各种弹窗广告，还自动安装其他软件，在网上被称为"全家桶"。这类软件无法通过软件卸载方式清除，让人非常恼火，甚至不得不重装系统。

知识扩展

　　一些应用软件主要是相关专业人员在使用，大部分计算机用户并不需要，如程序开发软件、数据库软件等。

（1）程序开发软件

程序开发软件主要用于开发各种程序，比如我们前面介绍过的Borland公司的开发软件，还有微软公司的Visual Studio等，都可用来开发Windows系统上的应用程序。其中Borland公司的Delphi采用的是Pascal语言，而C++ Builder采用的是C++语言，Visual Studio支持的编程语言比较多，有C++、C#、Basic等，需要下载相应的软件包才能使用。Windows平台也有其他一些C++编译开发软件，如开源的Dev-C++，但随着Visual Studio推出免费的社区版，使用者就变少了。

在Linux操作系统下，也有相应的开发软件，主要是gcc/g++，这是编译器，编写代码一般使用Vim，或其他文本编辑软件。Linux系统一般是开源免费的，自带的开发软件也是可以免费使用的。还有人推出Cygwin等软件，用于在Windows界面下开发Linux应用程序，这种方式被称为交叉编译，即在一种平台上编译开发另外一种平台上的应用程序。

　　个人计算机功能强大并易于使用，经常用于开发其他系统的应用程序，但要使用相应的开发软件包，一般称为IDE（integrated development environment，集成开发环境），包括写代码的编辑器、编译为计算机可运行代码的编译器，还要有调试程序的功能，并提供图形界面。比如可以开发嵌入式系统程序的Keil、IAR等软件，还有可以使用多种编程语言开发的Eclipse等，如图8-14所示，在这些领域都很知名。

(a) 用于MCU开发的Keil软件　　　　　(b) Eclipse开发软件

图8-14　个人计算机上开发其他应用程序的IDE

微软公司推出的Visual Studio Code（简称VS Code）是免费的跨平台的代码编辑器，可在多种操作系统上运行，功能强大并且扩展性好，通过在线安装一些插件（plug-in），可以支持很多编程语言的代码编写，连接编译器后可以实现一些语言的编译、调试，颇受程序员欢迎。类似的代码编辑器还有NetBeans、Atom、sublime等，也有很多用户在使用。

如果只是编写一些简单的程序，Notepad++和UltraEdit就已经足够，类似的软件还有Emacs、PSPad、SciTE、Notepad2、Programmer's Notepad等。

（2）数据库软件

数据库软件主要供程序开发人员使用，普通用户使用的并不太多，就是使用了也未必知道，已经被相关的程序屏蔽了，是在后台运行的。比如一些财务软件、仓库管理软件、人事管理软件等，大都需要使用数据库，只有一些简单的会使用Excel这类电子表格。

数据库软件在商业、金融方面非常重要，个人计算机一出现就有了dBase这种简单的数据库，如图8-15（a）所示，并在这个领域独领风骚。Fox Software公司看到这个商机，深耕数据库接连推出FoxBase、FoxPro等产品，如图8-15（b）所示，迅速占据主要的市场份额，被微软公司收购后推出了 Visual FoxPro，比微软自研的 Access更受欢迎。

(a) dBase数据库　　　(b) Foxpro数据库

图8-15　一些早期数据库软件的标识

数据库其实在大型计算机时代就已经出现，IBM公司的数据库也是随其机器提供的软件，IBM公司还为此开发出了专用于数据库的结构化查询语言（structured query language，SQL）。IBM公司的数据库一般只能运行在其制造的计算机上，但SQL语言则推广开来，大多数数据库都支持SQL。

商业企业早期采用多终端的计算机结构，个人计算机兴起后转为使用客户机/服务器的网络结构，单机上流行的简单数据库难以满足需要，Sybase、Oracle等数据库系统随之兴起。这类数据库运行在服务器上，但可以通过与服务器联网的计算机来查询、修改，后来微软公司也推出这类的SQL Server数据库。Oracle公司以其推出的数据库软件，成为仅次于微软的第二大软件公司，是数据库领域的软件巨头。一些数据库软件的标识如图8-16所示。

(a) Oracle数据库　　　(b) MySQL数据库

图8-16　一些数据库软件的标识

这些大型数据库价格高，普通用户用不起。随着互联网的兴起，网络服务也经常需要使用数据库，一些开源免费的数据库开始受人关注，MySQL、PostgreSQL等就逐渐推广开来，还有轻量级的SQLite可以用于嵌入式系统及浏览器中。互联网的普及，使MySQL等数据库获得发展良机，风光无限，而行业巨头Oracle公司的市场份额则迅速下降，于是该公司就依靠雄厚实力把MySQL数据库收入囊中。

因为担心MySQL数据库以后会收费，一些公司逐渐转向使用PostgreSQL、MariaDB等数据库。现在NoSQL也开始风生水起，出现了Redis、Riak、DynamoDB、MongoDB、CouchDB、HBase、Cassandra、InfoGrid、ArangoDB等很多种，数据库领域已经不再是软件巨头的天下。

技 术 说 明

工程软件一般是指一些技术领域使用的专用软件。其实，最初设计的计算机就是为了进行弹道计算的，也属于工程软件。

工程技术涉及的范围非常广，但也很专业，每个领域的用户数量有限。开发工程软件难度一般比较高，不仅涉及软件编程，还涉及这个领域的专业技术，甚至是某些领域的尖端科技。工程软件一般需要较强的图形图像显示处理能力，研发费用高，售价也不低。

（1）CAD软件

在工程软件中，计算机辅助设计软件（computer aided design，CAD）是用户比较多的。机械制图在工程技术领域经常会用到，也是工科专业的必修课。如图8-17所示的AutoCAD出现较早，1992年就推出，并流行世界，其使用的一些文件格式获得此后的很多软件支持，成为事实上的行业标准。AutoCAD是商用软件，后来还出现一些开源免费的类似软件，如FreeCAD、QCAD、LibreCAD、DraftSight等。

图8-17　AutoCAD软件

（2）3D软件

随着个人计算机性能的增强和计算机图形技术的发展，已经可以绘制三维立体图，工业上可以用来设计产品的立体外形及模具的复杂结构，还能用软件实现机械配合。目前工业界常用的是Pro/Engineer（简称PRO/E）、SolidWorks、UG、CATIA等软件，而OpenSCAD是开源的三维软件。

3D Studio Max软件主要用于三维建模渲染和动画制作，而Maya、Houdini更擅长3D影视特效，都是用于艺术方面。三维设计软件还有Blender、SketchUp Make、3D Crafter、Sculptris和ZBrush等，可用于创建三维模型。

（3）CAM软件

随着数控机床等使用数字控制技术的加工设备的出现，就有了这类设备使用的软件，称为CAM（computer aided manufacturing，计算机辅助制造），如Mastercam、FertureCAM、EdgeCAM、WorkNC、Cimatron、Hypermill、Powermill、VERICUT等，有些软件也合并了设计功能而成为CAD/CAM合一的软件。

而很多二维和三维的CAD机械设计软件，也加入了与数控加工设备配合的软件包或模块，方便数控设备加工，也是CAD/CAM合一的软件，包括国产的CAXA商用软件等。

（4）EDA软件

早期绘制电子产品印刷电路板（PCB）图纸要使用坐标纸，布线和修改都非常麻烦，IBM PC个人计算机出现后，就有了多款专用于PCB绘图的软件，DOS系统时期的TANGO就比较出名。设计PCB的软件属于EDA（electronic design automation，电子设计自动化），一般都兼有原理图绘制功能，有些还能进行电路仿真，目前常用的主要有Cadence Allegro、Mentor PADS、Altium Designer等软件，还有侧重于电路图设计及软件仿真的Mutlisim、Proteus等。上述都是商用软件，还有开源的KiCAD，国内近些年也出现了一些有类似功能的软件。EDA软件界面如图8-18所示。

(a) Cadence软件　　　　　　　(b) Proteus软件

图8-18　EDA软件界面

电路仿真大多基于SPICE，通过使用计算机仿真技术，可以提高电路设计效率并降低成本，在芯片设计中尤其明显。一些软件公司在SPICE基础上扩展功能，开发出了商用软件包，如Pspice、LTspice等，还有的仿真软件可以通过加载代码仿真一些型号的CPU、MCU的运行。

芯片的设计制造EDA软件是在PCB的EDA软件上发展扩充而来，有的是收购其他公司的相关软件后发展起来，主要提供商是Cadence、Mentor（已被西门子公司收购）等。Synopsys公司更侧重于数字芯片的时序分析和验证，Silvaco则侧重于模拟芯片的设计，其他还有Zuken等软件。随着一些EDA公司的并购，芯片设计的产品线也在扩展。

在EDA软件大类中，还有一类微波射频软件，用户更少，主要是Keysight ADS、AWR Microwave Office，电磁场分析软件则有EMSS公司的FEKO、ANSYS公司的HFSS等。

（5）CAE和CFD软件

ANSYS公司以结构、热流体、电磁、声学于一体的大型通用有限元分析商用软件而闻名世界，被称为CAE（computer aided engineering，计算机辅助工程），这个领域类似的软件还有ABAQUS、COMSOL及开源的Elmer FEM等。

ANSYS公司还有专用于流体、热传递和化学反应方面的Fluent软件，被称为CFD（computational fluid dynamics，计算流体动力学），类似功能的还有CFX、PHOENICS和开源的OpenFOAM等软件。

（6）数学软件

数学软件中最著名的是MATLAB，功能非常强大，包括很多模块，能做通用的和一些专业领域的计算。其他还有Maple、Mathematica、MathCad等，各具特色，有的已经可以做符号运算，就像数学课程中的公式推导。MATLAB软件标识如图8-19所示。

上面介绍的主要是一些功能比较多，比较常用的工程软件，专用于某领域的工程软件还有很多。制

图8-19 MATLAB软件标识

造业的一些国际大公司，如达索（Dassault）、西门子（SIEMENS）等公司，都有自己的一些工程软件，有些软件是对外出售的。一个某行业的技术人员，如果有编程能力，利用自己的专业知识也可以编写出让自己工作更方便的工程软件。

通过计算机技术，可以提高工业设计的效率，也能大大降低设计和验证的成本，具有巨大的商业利益，一些工程软件即使价格高昂也有很多公司去购买。

四、开放源代码软件和免费软件

软件开发需要耗费大量的人力物力，对使用者收费也合情合理。不过一些公司如果借助某些软件获取超额利益，甚至借市场优势地位打压竞争对手垄断一个领域，就会引起他人不满。

1. 开源软件的缘起

Unix操作系统推出后，因颇受欢迎被其母公司AT&T以昂贵的价格出售，后来也禁止其源代码的流通。Unix的开发者之一肯尼斯·汤普森受邀在其母校加利福尼亚大学伯克利分校担任客座教授，在此期间带领学生为Unix开发了很多新特性，后来形成BSD版本，并在多所大学流传开来。1993年出现了FreeBSD，其软件标识如图8-20（a）所示。

(a) FreeBSD软件标识　　　　　　(b) Linux软件标识

图8-20　FreeBSD和Linux软件标识

1984年，麻省理工学院人工智能实验室（AI Laboratory）的理查德·马修·斯托曼（Richard Matthew Stallman）发起了GNU项目（GNU's not Unix的递归缩写），

目的是做出一个与Unix兼容的操作系统，把Unix的用户转移过来，以打破AT&T的垄断。斯托曼完成了Unix上的具有编译、编辑功能的Emacs软件，还有一些联网功能以及游戏。1989年，斯托曼与一群律师起草了广为使用的GNU通用公共协议证书（GNU general public license，GNU GPL）。1991年，芬兰人林纳斯·托瓦兹在GPL条例下发布了他编写的Linux内核，至此GNU计划正式完成，操作系统被命名为GNU/Linux（简称Linux），其软件标识如图8-20（b）所示。

因为有了GNU项目，目前Linux平台上的各种软件很多都是开放源代码的，甚至一些包含Linux内核的商用软件包也可以免费使用。

2. 开源软件的发展

在斯托曼的GNU项目推动下，开源软件（open-source software）逐渐形成一股潮流，很多商用软件都出现了功能类似的开源软件或软件包，前面已经有所介绍。开源软件还推动了互联网、人工智能等领域的发展，比如使用Linux + Apache/Nginx + MySQL + PHP的开源软件组合，每年只需要很少的租金就能建起一个网站，低廉的建站成本使网站迅速铺开，网上的内容也就丰富多彩。

有了互联网，就出现了很多软件分享平台，最著名的是GitHub，其标识如图8-21所示，其他还有SourceForge、GitLab、Bitbucket、GitCode、Gitee等，并有一些领域的论坛和社区。

目前的开源软件主要集中在互联网、人工智能等领域，特别是Python语言的开源软件非常多，用于开发Linux应用程序的也比较多，而用于开发Windows应用的相对就比较少。

图8-21　软件分享平台GitHub的标识

开放源代码，可以便于他人研究代码并查找其中的漏洞及其他问题，能使软件更加安全可靠，让人放心使用。一些开源软件也是一种商业模式，通过这种方式让他人认可其软件，然后通过商业许可来获取收益，毕竟开发者也是需要生活的。也有一些嵌入式系统的开源代码是硬件制造商提供的，目的是让用户能更容易地使用其硬件，吸引人购买。

但也有一些开源是自身的道德所驱使，希望让更多的人可以使用这些软件及功能，对技术的进步和社会的发展有所助益。这些人可能并不会为自身的生活发愁，有比较稳定的生活来源，但这未必可以适用于所有人。

开源软件也带来一些问题，比如开发者的权利怎么保证，编写软件的人也要吃饭。斯托曼也曾面临这个问题，为了生活就宣布任何人都可以用150美元获得包括软件源代码的全部程序，也就出现了自由软件的分销商业模式。

不过，开发者以低廉的价格甚至无偿发布源码，而一些公司则可能用来开发商业软件来获取巨大利益，因此就出现很多许可证。除了GPL许可证外，比较流行的还有BSD许可证、MIT许可证、Apache许可证、LGPL许可证、CPL许可证等。

技术说明

许可证种类很多，也非常复杂，有的宽松，有的则严格。CPL许可证就比较严格，要求使用开源代码的也要将整个项目开源，修改后的代码也要公布，可能一些商业公司就难以接受。

MPL许可证就稍微宽松，只要求在修改后的代码中包含源代码的授权和版权信息并也使用同样许可证发布，对商业软件禁止使用商标。LGPL许可证则允许在非开源软件中使用或者链接LGPL许可证的代码库。

BSD、MIT、Apache这些许可证就很宽松，允许自由地使用、修改、复制和分发软件，也允许用于商业目的，只要求软件的副本中包含许可证和版权声明。

开源软件许可证非常多，使用时，特别是商业使用时，需要认真了解，不然在法治社会可能会有一些麻烦。

3. 免费软件

除了开源软件，还有一些免费或一定期限内的免费软件，但一般都不提供源代码。

免费软件（freeware）是指可以随意复制使用的软件，一般是大公司提供的小软件。共享软件（shareware）是指可以随意复制并在一定期限内免费使用的软件，或限定次数或限定功能，如果想长期使用或使用全部功能，就要注册付费。附带软件（bundled software），是一些大公司的软件包中包含的独立功能软件，一般有许可证，不能随意复制使用。

不开源的免费软件，会有一些人担心其中有恶意代码，并不敢随意用，除非来源可靠。一些限期、限次数的免费软件，就是希望通过让用户试用来吸引购买，毕竟完全不了解其功能的人是不太想出钱的。

五、计算机语言及编程

计算机只"认识"二进制的机器码，而人要让计算机"听懂"并完成任务，就要使用计算机语言与计算机"交流"。

1. 计算机语言的发展

一般将计算机唯一能识别的二进制机器码称为机器语言，但人使用这种一串串的0和1组成的二进制码与计算机直接"交谈"是非常困难的，就出现了汇编语言。汇编语言的每一句都对应着一个机器码，通过查表或者使用汇编软件"翻译"，就可以将汇编语言编写的程序转为机器语言，让计算机按指令运行。

使用汇编语言写程序，虽然已经比直接使用机器码要容易一些，但要写一些比较复杂的逻辑功能，也是比较费时费力的，并且程序的可重用性比较差。汇编语言的指令与机器指令相对应，也就与计算机硬件密切相关，如果计算机硬件改变了，之前使用汇编语言编写的程序往往也就不好用了，常常要重写。

为了提高程序的可重用性，也为了更适合人的逻辑思维，就出现一些脱离具体硬件结构的计算机语言，被称为高级语言。其实最初的高级语言还是与某种机型有一定关系的，是一些编程者在使用中总结产生的，或者有的只是一些常用的汇编程序段的替代，也只在局部使用。后来一些相关领域的研究者，力主推出不依赖计算机结构的通用的高级语言，以避免被一些计算机公司所掌控利用，比如1958年的ALGOL语言就是这样产生的。ALGOL语言虽然在计算机研究领域被使用，但因缺乏计算机厂商的支持未能获得推广，后来衍生出了一些学院派的计算机语言，如CPL、Pascal等。

第一个被推广使用的高级语言是FORTRAN，这是计算机厂商IBM公司的工作人员约翰·贝克斯（John Backus）在1954年对外发布的，并于1957年在IBM704计算机上实现了编译器，这样使用FORTRAN语言编写的程序就能让计算机运行了。借助IBM等计算机厂商的支持，FORTRAN语言被推广并不断发展，到了20世纪60

年代和70年代已经成为科学计算领域的标准语言。

前面提到过，贝尔实验室的肯尼斯·汤普森和丹尼斯·里奇开发了Unix操作系统，最初两人使用的是一种从CPL语言简化的B语言，1973年左右在此基础上两人设计了C语言，并用C语言重写了Unix。C语言是在实用中设计出来的，有接近于硬件的一些特性，编译出的代码比其他高级语言更小，也不依赖于具体的硬件结构，是比较成功的高级语言，目前还频繁用于接近硬件的底层软件开发中。在C语言基础上，后来还发展出了C++、C#等编程语言，主要用于开发Windows等图形界面的应用程序。

其实这些高级语言并不能直接让计算机运行，而是需要"翻译"为机器码，然后才能被执行，这个"翻译"过程称为编译，进行编译的软件就称为编译器。高级语言转为机器码的过程比较复杂，不再像汇编语言那么容易，要通过设计良好的编译器才能实现，并且这种编译器还要针对某种计算机特别设计。有了操作系统之后，应用软件是通过操作系统让计算机执行的，编译器也就需要对应某种操作系统，操作系统有差异可能就没法使用。图8-22为常见的高级语言。

1964年，达特茅斯学院（Dartmouth College）的约翰·凯梅尼（John Kemeny）与托马斯·卡茨（Thomas Kurtz）设计了BASIC（beginner's all-purpose symbolic instruction code，初学者通用符号指令代码）语言，只有17条语句，简单、易学，目的是让大学生使用计算机更容易。在个人计算机发展初期，比尔·盖茨等人通过为Altair 8800计算机

图8-22　一些高级编程语言

编写运行Basic语言的程序建立起了微软公司，Apple Ⅱ和IBM PC等多款个人计算机也都支持BASIC语言的运行，使BASIC语言推广开来。BASIC语言很长时间内都作为计算机的入门编程语言，不过此时的BASIC语言已从早期的编译运行方式改为解释运行方式。

可能因为BASIC是微软公司赖以起家的编程语言，一直都未被舍弃，不断升级沿用至今。QBASIC曾作为DOS的一部分能免费使用，在Windows图形界面下又推出了Visual Basic，成为微软的Visual系列编程语言的一部分，现在的Visual Studio .NET开发包中也包括Visual Basic .NET。微软还有VBA（visual BASIC for applications）这种宏语言（macro language），用于Office办公软件中，通过VBA编程可以实现自动运行。BASIC语言的语法比较独特，在目前很多高级语言越来越像

的情形下，BASIC就像一个另类。

到了网络时代，为了编写网络的相关应用，出现了PHP、JavaScript等计算机语言，手持设备流行后，又出现了Kotlin、Swift等新的编程语言。

知识扩展

计算机发展史上，曾经出现过一些影响很大的编程语言，不过随着技术的更新换代，不少已经不为人知。

（1）FORTRAN语言

FORTRAN是英文"formula translator"的缩写，意思是"公式翻译器"，这是最早被推广使用的高级语言，曾在大型机、小型机上被广泛采用，也曾是理工科（非计算机专业）计算机课程的必修编程语言。后来个人计算机兴起，其他语言的编译器先被开发出来而受到追捧，FORTRAN就走向衰落。现在也有了个人计算机上的FORTRAN版本，虽然语言有些陈旧，但过去几十年间积累了大量的专业应用程序，也有人在努力利用这些资源。

（2）COBOL语言

COBOL（common business oriented language，通用商业语言）也是早期的一种高级语言，1959年就出现，更擅长于大量数据的处理，在商业金融等领域被广泛使用，也曾作为经济和商业类院校的计算机教学语言。COBOL也是随着个人计算机的崛起而衰落，不过一些早期使用者还是不想放弃，也有大量的代码资源需要继承。

（3）Pascal语言

Pascal是早期比较成功的高级语言，基于ALGOL，是为纪念机械计算机时代的先驱帕斯卡而命名。Pascal语言语法严谨，层次分明，与被认为语法不严格、数据不安全的实用性的C语言不同。Pascal是由瑞士的大学教授开发，属于学院派的高级语言，曾一度作为很多高校计算机专业的教学语言，因此获得推广。

到了个人计算机时代，丹麦人安德斯·海尔斯伯格（Anders Hejlsberg）设计了用于MS-DOS和CP/M系统的Pascal编译器，使Pascal跟上了时代。此后Borland公司雇用了海尔斯伯格，并推出Turbo Pascal编译器，如图8-23所示，使Pascal向实用性发展并在个人计算机领域流行起来。Turbo Pascal曾用于设计多款实用软件，也曾作为计算机水平考试的平台。

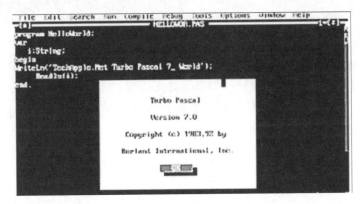

图8-23　DOS系统下的Turbo Pascal

　　到了图形界面时代，Borland公司在Turbo Pascal基础上推出了Delphi，使用从Pascal语言发展而来的Object Pascal，一度流行世界，这时Delphi几乎已是世界上唯一还使用Pascal语言的开发平台。

　　（4）Ada语言

　　这是美国国防部（United States Department of Defense,DoD）推出的一种高级语言，从20世纪70年代提出到90年代完成，历时20年，耗费巨资。美国军方的设备由大量供应商提供，各个供应商采用不同的软硬件系统，仅编程语言据说就有上百种，造成整合困难。美国军方希望统一使用Ada语言来改善软件系统的清晰性、可靠性和可维护性。

　　Ada是当初协助巴贝奇制造差分机、分析机的奥古斯特·艾达·洛夫莱斯伯爵夫人（Augusta Ada Lovlace）的名字，她是英国诗人拜伦（Byron）的女儿，被一些人认为是计算机历史上的第一位程序员。

　　不过，即使有军方的加持，Ada语言也未能流行起来，目前仅用于一些航天、航空及军事领域，使用者很少。有军方支持的VHDL硬件描述语言处境要好很多，但也面临着商业公司推出的Verilog HDL带来的挑战。

2. 计算机语言的分类

　　总体上来说，计算机语言分为机器语言、汇编语言和高级语言三大类。机器语言就是一些能让计算机运行的二进制数，对应于计算机的指令系统，而汇编语言则是机器语言的替代符，目的是让编写程序的人易于使用。机器语言和汇编语言都与计算机的硬件结构密切相关，没有通用性，换一台不同型号的计算机基本就要重写。

而且直接使用汇编语言编程，比较复杂的逻辑难以实现，现在一些大程序使用高级语言编写动辄都要几万、几十万行代码，根本无法通过汇编语言来实现。使用汇编语言做这种大程序，就如同通过手焊晶体管来搭建CPU。

计算机高级语言脱离了计算机的具体结构，更多是从逻辑及数学方面来设计，有更偏重理论的ALGOL、Pascal等，也有更注重实用的C、PHP、Python等。

根据程序的运行方式，高级语言分为编译型和解释型两大类：编译型就是先把整个程序使用编译器生成机器语言并保存为可执行文件，然后使用生成的可执行文件去整体运行，如C、Pascal等语言就是如此；而解释型则是在运行时才把语句转换为对应的机器码并执行，机器码并不保存，如BASIC和一些脚本语言（JavaScript、PHP、Python）等。相对来说，高级语言编译后的代码执行速度更快，而解释型的需要边解释边运行，速度就受影响。不过随着计算机性能的提升，一些解释器运行速度也很快了。

在计算机语言中，还经常使用结构化编程、面向对象编程等一些概念，目前在图形界面系统的程序编写中，基本都是使用支持面向对象编程的计算机语言，如C++、C#、Java、JavaScript、Python等，而早期很流行的一些语言因为不支持面向对象编程就失去了往日的辉煌。此外，还有一些人推崇使用函数式编程，而使用堆栈的WebAssembly也独具特色。

虽然现在计算机高级语言很多，而且会越来越多，但很多编程语言却有些越来越像，都在学习其他语言的一些优点来完善自己，学会一种高级编程语言再学习其他的语言就比较容易。编程的核心是逻辑，语言只是一种实现方式。

知识扩展　　传统的编程语言是一个编写-编译-链接-运行（edit-compile-link-run）的过程，比较烦琐，后来就出现脚本语言（script languages），一般是使用ASCII字符编写，执行时由对应的解释器（或虚拟机）解释执行。比较典型的脚本语言是Unix、Linux系统的shell程序，DOS下的批处理bat文件也可以认为是脚本。后来出现了更多的脚本语言，功能也越来越强大，目前流行的Python、JavaScript、PHP等一些编程语言都属于脚本语言。

一般所说的计算机语言，主要是指计算机编程语言，前面所提到的那些高级语言都属于此类。但随着互联网的出现，其他一些计算机语言也开始走入人们的视野，如HTML、CSS等，这部分内容将在计算机网络章节（第九章）介绍。其实，只要是在计算机中使用的语言都可以被称为计算机语言，有很多类型因为系统专用或封闭而不为外人所知，比如可在GPU上运行的着色器语言GLSL（GL shading language，GL着色语言）、电路仿真中使用的SPICE、矢量图使用的SVG（scalable vector graphics，可缩放矢量图形）、数据库的结构化查询语言SQL，还有硬件描述语言（hardware description language，HDL）等。

技术说明

现在，编译型与解释型语言的边界有些模糊，像Java语言是先编译成字节码，运行时把字节码按解释方式由JVM（Java virtual machine，Java虚拟机）来执行，兼有编译与解释的特性，这种方式更容易屏蔽硬件及操作系统的差异，Java语言也就可以在更多类型的计算机上运行。这种方式也逐渐受到关注，出现Runtime（运行时）这种中间软件，编译后的代码常常是交给Runtime来执行的。

与此同时，一些解释型的脚本语言则使用了即时编译（just-in-time compilation，JIT）技术，将编译代码的速度与解释的灵活性结合起来，使一些解释型编程语言运行更快。

3. 常用计算机高级语言及选择

计算机的编程语言有多少种，其实并没人统计过，不过一般认为至少有几百种，也有人认为可能有上千种。我们前面已经提到过一些编程语言，其实还有很多没有提及，并不断有新的编程语言出现，也有人提出过使用中文的编程语言。编程语言，最主要的是要设计出来相应的编译器或解释器，这才能让高级语言实用化，否则只是纯理论研究。

有很多人关注世界上计算机语言的使用情况，就出现了计算机语言的一种排名——TIOBE 编程社区指数，这是根据互联网上的工程师、课程、供应商及搜索引擎等相关数据通过计算得到的。TIOBE 基本上是每月更新，列表上的计算机语言位次也在不断波动，以下选取前面的几种进行简单介绍。

（1）C/C++/C#语言

C语言在前面已有介绍，这是从实用出发的更接近硬件的一种高级语言，编译效率很高，接近硬件的底层开发一般都是使用C语言，几十年间一直很受欢迎。目前嵌入式设备的开发，特别是MCU软件开发，主要就是使用C语言。

1982年，在贝尔实验室工作的丹麦人本贾尼·斯特劳斯特卢普（Bjarne Stroustrup）为C语言加上了面向对象的特性，命名为C++，含义是C语言的增强。C++语言功能强大，目前是开发Windows图形界面程序的主要编程语言，也用于Linux程序开发，不过其复杂度和难度也是常见的编程语言中最高的，非职业编程一般不会选用。

C#是微软公司2000年推出的编程语言，可以认为是简化的C++，很多特性类似Java。使用C#，配合微软推出的Visual Studio开发环境就能比较容易地开发出Windows应用程序，还能用于网络应用开发。非职业编程从C#入门比较容易。

（2）Java语言

Java语言产生于Sun Microsystems公司［Sun公司标识如图8-24（a）所示］，是通过简化复杂难用的C++而实现，1995年正式命名为Java（一种咖啡），同时推出的是使用Java开发的网络浏览器HotJava（热咖啡）。据说使用这个名字是因为起名讨论会的参加者手中正捧着这种咖啡。Java语言标识如图8-24（b）所示。

(a) Sun公司标识　　　　(b) Java语言标识

图8-24　Sun公司与Java语言标识

Java语言一经发布，就很受关注，很多知名公司纷纷购买许可证。1996年，Java的第一个开发工具包（JDK）推出，很快大量网页开始使用Java技术。目前Java主要用于网站后端开发，还用于手持设备Android平台的应用程序开发。

Sun公司是将Java作为免费软件发布的，早期版本的源代码也已公开，颇受开发者欢迎，用户数量众多。但随着Oracle公司对Sun公司的收购，新版本开始收费使用，早有预见的谷歌公司已经把Android系统的主要开发语言改为Kotlin。

虽然Java语言比C++来说有了一些简化，使用要容易一些，但编写程序还是会感到比较烦琐，只靠手敲键盘会比较辛苦，经常需要使用代码自动补全功能。对于专业的程序员来说，更喜欢这种语法比较严谨的编程语言，而看不上那些如PHP、Python、JavaScript这种"草莽"的编程语言。

（3）Python语言

Python是20世纪90年代初荷兰人吉多·范·罗苏姆（Guido van Rossum）设计的一种编程语言，简单易学，免费使用，容易扩展。几十年间Python默默无闻，但已有很多开发者作了颇多贡献，有大量的第三方开源软件库，涉及方方面面。

随着互联网的兴起，Python语言可以通过第三方软件库很容易地搭建起一个网站，并作为网站后端的编程语言。随着人工智能与神经网络流行，又有大量开发者涌入，使用Python语言开发。一些Python热爱者还推出MicroPython用于嵌入式设备的软件开发，并建立起了相应的开发环境。

目前多数的编程应用领域都能使用Python语言实现，大量实例代码也是基于Python的，特别是在网络、大数据和人工智能领域。Python语言容易上手，曾经使用其他编程语言的人大量转入，迅速成为热门，也屡次登顶TIOBE排行榜，一些高校也因此改用Python作为计算机课程的教学语言，甚至一些少儿编程也从Python学起。

Python语言的最大的优势之一是拥有大量的开源第三方库（软件包），最常用的是PyPi（Python package index，Python包索引）及其镜像网站，据称有超过10万软件包资源。直接通过PyPi下载安装软件包经常出现中断而失败，一般是通过国内的镜像网站安装，比较容易成功。

（4）计算机语言的选择

其实，计算机编程语言很难分好坏，能被很多人使用肯定有自己的特色。选择编程语言要根据适用的领域，而不要太纠结具体的语言特性。像C语言，编译效率高，生成的代码小，运行速度快，这是其最大优势，但也比较难学难用，学习很长时间都做不出什么像样的程序，常常让初学者失去兴趣。

随着计算机性能的提升，内存空间变大，一般应用程序已经不太在意生成代码的大小，而能很快编写出可用的程序才最重要，编写程序的效率比编译程序的效率更受关注。特别是在图形界面下，多数人都希望编写的程序能有一个直观的图形界面展现，这对C语言来说有相当大的难度。目前C语言主要应用于内存空间较小的嵌入式系统开发及计算机底层软件的开发中，不便于开发图形界面应用程序。

不过对于专业编程者来说，C和C++虽然入门比较难，但仍然是必学的编程语言，不能熟练使用C/C++就难以在这个领域立足。而对于非职业编程者，一般是从事其他行业，有时需要编写部分程序来满足实际需要或提高工作效率，就要学一些能很快入门并实现所需功能的编程语言，比如Python、C#等。为了编写浏览器中运行的程序，就必须学习JavaScript，而编写智能手机中的应用程序，Android系统推荐Kotlin，苹果手机要用Swift。

软件分享平台GitHub也有一个编程语言榜单，通过这个榜单可以看出平台上开源软件最常用的是哪些编程语言。

知识扩展

还有两种目前比较常见的编程语言，主要用于网络编程，但计算机网络部分还未讲述，后面也不会再讲这些语言的起源和特色，就放在这里提前介绍一下。

（1）PHP语言

PHP开始于1994年，最初是出生于丹麦格陵兰岛的拉斯姆斯·勒多夫（Rasmus Lerdorf）用于统计其网站访问者数量的一个小程序，后来添加了访问数据库等其他功

图8-25　PHP语言的标识

能，并对外发布。PHP因为简单易用而被很多网站所采用，性能也随之逐渐增强。PHP语言标识如图8-25所示。

PHP最初是personal home page（个人主页）的缩写，后来采用了PHP: Hypertext Preprocessor（超文本预处理器）的解释。PHP得到推广使用，与开源软件项目相关，搭建一个网站可以使用Linux + Apache/Nginx + MYSQL + PHP的捆绑方式，这些软件全部是开源免费的，降低了部署成本，也就流行起来。

（2）JavaScript语言

1995年，就职于Netscape公司的布兰登·艾奇（Brendan Eich）在Navigator浏览器上开发了JavaScript语言，使浏览器的性能提升，网页也更加丰富多彩。当时Netscape公司的Navigator浏览器是这个领域的领头羊，其他浏览器也只得跟进，开始支持JavaScript。微软等公司也曾推出过其他一些用于自家浏览器上的编程语言，造成一定的混乱，后来在ECMA（European Computer Manufactures Association，欧洲计算机制造商协会）的协调下形成统一的ECMAScript标准，不过习惯上还是称为JavaScript。

JavaScript是浏览器中运行的脚本语言，其实与Java并没有多

大关系，当时Netscape与Sun两家公司正在合作，而Java很受欢迎，可能是为了蹭热度用了这个名字。JavaScript运行于浏览器中，由浏览器来实现，被称为网络前端语言，而PHP等编程语言是在网络服务器中运行，一般称为后端语言，这在计算机网络章节中会进一步说明。

目前各家公司的浏览器都支持JavaScript的运行，历史上曾经出现的其他网络前端编程语言逐渐淡出视野，学习网络前端技术必学JavaScript。因为JavaScript在国外有众多的使用者，其中一些人已不满足JavaScript只能用于浏览器，先是开发出Node.js用于网络后端，后来又开发了可用于桌面系统编程的套件，还有人把它用于嵌入式开发，不过还没有流行开来。

技 术 说 明

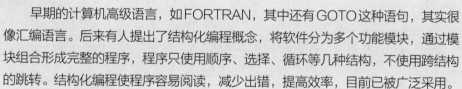

早期的计算机高级语言，如FORTRAN，其中还有GOTO这种语句，其实很像汇编语言。后来有人提出了结构化编程概念，将软件分为多个功能模块，通过模块组合形成完整的程序，程序只使用顺序、选择、循环等几种结构，不使用跨结构的跳转。结构化编程使程序容易阅读，减少出错，提高效率，目前已被广泛采用。

面向对象编程是近几十年很流行的词汇，这里的对象，并不是程序员的女朋友，对应的英语为object oriented programming，是指面向实物（object）的编程方式，其特征是使用类（class），也有人称之为有类的编程语言。

这种编程方式的起源很早，1967年两位挪威科学家发布了Simula语言，就包含了对象、类、继承等概念。Simula语言比较难学、难用，没有流行起来，但这种开创性的思想受到了关注，后来被一些研究者采用。20世纪70年代，施乐公司的帕罗奥多研究中心（PARC）开发了Smalltalk系统，包括编程语言、编译器和开发环境，使面向对象的编程语言具有了实用性。这套系统是在施乐公司的专有系统上开发的，没能推广开，但证明了面向对象编程的可用性，促使很多编程语言开始引入这种思想。

为什么会出现这种编程方式，需要联系实际来说明。比如一个球体，有大小（半径r表示），有颜色（color表示），当然还可以有更多特性。可以创建一个球（ball）的类，把球的这些特性附着在这个类上，表示为ball.r、ball.

color等，这些附着类上的特性称为属性（attribute）。球体还可以有一些行为，如变大、变小等，也可以把这些行为附着在ball类上，如ball.larger()、ball.smaller()，这些称为类的方法（method）。这样，通过使用这个ball类就可以创建出一个个球体，每个球体就都具有了ball这个类的所有属性和方法。这个从类（class）创建实体（object）的过程称为实例化，实例化只需要一个语句，不需要烦琐地为每个球体一个个去添加。实例化后的每个object都具有class的属性和方法，然后就可以通过每个object的属性和方法去操作，比如赋予球的颜色、让球变大/变小等，使用方便。

现在使用图形界面，显示界面就是一个个窗口，如图8-26所示，窗口可以使用一个类来定义，其中的属性包括长度、宽度、左上角坐标等，这几个属性就把大小和位置确定了。然后还有前景颜色、背景颜色、标题栏颜色等，通过这些属性就可以把外观确定了。对窗口类实例化，就可以得到一个个具体的窗口，分别对每一个窗口定义相关属性，如位置、颜色，就能产生不同位置、不同外观的各种各样的窗口。图形界面编程，使用类就比较方便，也非常直观有效，最早的面向对象编程就是在图形界面系统上实现的，而且流行起来也是在图形界面操作系统兴起之后。对于非图形界面编程，面向对象的编程语言的优势就没有那么明显，甚至可能编译出的代码更大。

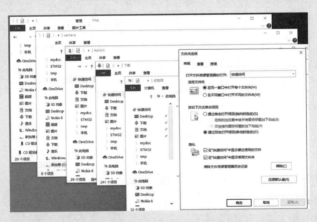

图8-26　不同位置的多窗口界面

早期出现的高级编程语言中，目前只有C语言还在被广泛使用，也因为出现得比较早，所以并不是面向对象的编程语言。程序员中有一种玩笑的说法："过年回家，C发现只有自己没有对象。"

第九章
计算机网络

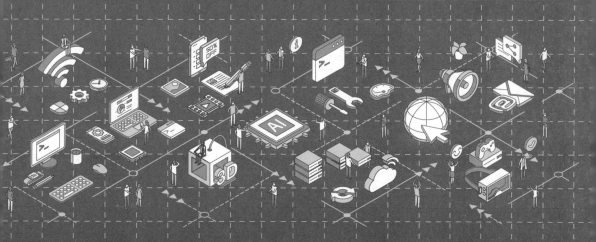

一、计算机网络的兴起

人们二十多年前为了把数据从一台计算机传送给另一台，还要使用软盘。当时的计算机设备厂商，提供配套软件则要附带光盘。现在计算机之间的数据传递都是通过网络，计算机所需的配套软件也是网络下载，非常便捷。

1. 计算机网络的缘起

在美苏争霸的大背景下，1958年美国国防部成立了高级研究项目局（Advanced Research Projects Agency，ARPA），目的是推进美国的高新科技，关注点是网络通信、计算机图形、超级计算机等方面。

在20世纪50年代和60年代，计算机还是庞然大物，有限的几台都布置在相距很远的各处，主要在高校和研究机构。当时已有一些研究者在理论上探讨了建立分布式的计算机网络的可行性，这种分布式计算机网，即使部分节点受到攻击而损坏，其他的节点仍可以继续工作，而且节点越多越安全。1966年，ARPA的网络研究计划启动，1969年建立起了有4个节点的ARPAnet，实现了4台大型计算机之间的通信，如图9-1所示。虽然最初的网络规模不大，但证明了组网方案的可行性。此后，网络节点逐渐增多，但仍然是美国国防部通信局管理下的军用网络。

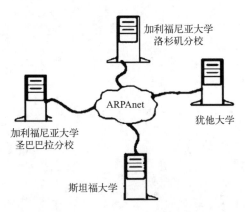

图9-1　最初的ARPAnet组成

到了1983年，美国国防部把军用网络从ARPAnet中拆分出来，ARPAnet转为供学术研究机构使用。此时，加利福尼亚大学伯克利分校发布的BSD Unix操作系统包括了对ARPAnet使用的核心协议TCP/IP的支持，并使这种网络协议推广开来。

1986年，美国国家科学基金会（National Science Foundation，NSF）围绕其所建的6个超级计算机中心建起了计算机网络，称为NSFnet，很多大学研究机构纷纷并入NSFnet。到20世纪90年代，NSFnet取代了ARPAnet成为主干网。1994年，NSF不再给NSFnet提供经费支持，转由商业公司进行运行维护，变成商用网络。

此时，世界各地也建立起了与NSFnet兼容的计算机网络，并都连接起来，形成世界范围的网络，称为internet，音译为因特网，现在一般译为互联网。1996年，互联网上计算机数量是947万台，1997年增加到1614万台，2000年7月增加到9300万台，此后更是加快增长。

1994年，中国科学技术网CSTNET首次实现了和internet的直接连接，标志着我国正式接入互联网。不过直到进入21世纪，国内互联网服务才向大众普及开来。

知识扩展

最早出现的通信网络其实是电话网。1876年，移民加拿大的苏格兰人亚历山大·格拉汉姆·贝尔发明了实用的电话机，然后建立起贝尔电话公司，在此基础上形成美国电话电报公司（AT&T）。随着电话业务的铺开，就逐渐建立起遍布各地的电话网。

ARPAnet正是通过租用56千比特每秒的电话线路建立起来的，而随后的NSFnet也是租用的电话通信线路。随着计算机网络的兴起，AT&T把主要业务转向增长最快的计算机网络需要的数据通信服务方面，建起方便计算机联网的数据通道。

一开始出现的计算机联网，还要使用拨号上网，如图9-2所示。

计算机　　modem　　　　电话交换机　　网络服务器

图9-2　计算机的拨号上网方式

计算机通过一个modem连接到电话线上，电话线另一端连接到电话交换机，通过交换机才连接到网络服务商的服务器。其中的modem为英语modulator（调制器）与demodulator（解调器）的缩写形式，按其发音，中文俗称为"猫"。

当时的计算机会有一个软件界面，让填入拨号上网的账号和密码，点击确定按钮后就可以控制modem连接电话交换机，接通网络服务器后就可以发送信号建立起连接。

最早的上网使用的是普通电话线，话频为300～3400赫兹范围，计算机发送的二进制信号不能通过电话线传输，需要用modem把二进制信号转换为话频信号，才能通过电话线传给电话交换机，在交换机处再恢复为数字信号，然后转发给网络服务器。网络服务器发来的二进制信号先传给交换机，要转发到用户，也要在电话线的交换机一侧变为话频信号，经电话线传输，进入modem后再转为二进制信号，最后送到计算机。

可以看出，modem的作用就是充当计算机与电话线之间的信号转换桥梁，实现二进制信号与话频信号的互转。一种modem见图9-3，上面有连接电话线的RJ11接口和连接计算机的RS-232接口。

图9-3 可连接计算机RS-232口的modem

虽然有了modem能实现计算机之间的通信，但普通电话线能传送的信号速率比较低，为提升速率当时会采用数字电话交换机的中继链路，要使用同轴线，成本较高，布线也比较麻烦。限制速率提升的主要因素是为传输音频设计的电话交换机，抛开电话交换机就出现了DSL（数字用户线，digital subscriber line），包括ADSL、VDSL等技术。

ADSL（asymmetric digital subscriber line，非对称数字用户线路）使用双绞线传输，而且根据用户一般是下行（下载）速率高而上行（上传）速率低的特点，设计的上行速率与下行速率差别比较大，一对双绞线一般能提供1～8兆比特每秒的下载速率，也就是常说的1兆宽带、8兆宽带，而上传速率一般只有640千比特每秒～1兆比特每秒，传输距离在1～5千米。同样使用铜线，ADSL线路的成本并没有提高太多，而速率有了比较大的提升。后来又出现了VDSL（very-high-bit-rate digital subscriber line，超高速数字用户线路）技术，也是使用双绞线，平均传输速率可比ADSL高5至10倍（不同厂家的方案有差异），或提供上下行对称的10兆比特每秒速率，传输距离通常为300～1000米。后来的拨号上网方式一般都是采用ADSL或VDSL。

现在比较流行的是光纤接入FTTx（fiber to the x）方式，包括FTTC（curb，光纤到路边）、FTTZ（zone，光纤到小区）、FTTB （building，光纤到大楼）、FTTO（office，光纤到办公室）和FTTH（home，光纤到户）等，合称FTTx。除了FTTH是将光纤直接接入家庭的路由器（光猫）外，其他方式都需要一个光纤转换到铜线的设备，然后使用铜线方式再接到每个用户的设备上。一些新建的住宅小区，建筑物内已经预埋了通信线路。

技术说明

　　modulate（调制），最初是指声音的变调，就是把声音变高或变低，现在常用于通信领域成为专用名词，是指把一种信号从频率较低的位置搬到频率较高的位置，便于向外发送。比如，我们使用的广播电台和收音机，就有调幅、调频等，这是简称，全称是幅度调制和频率调制，广播电台中实现调制的装置就称为调制器（modulator）。

　　广播中使用的调制还是模拟调制，因为声音信号为模拟信号。而计算机输出的是二进制的数字信号，需要数字调制，这就出现了ASK、FSK、PSK等数字调制方式。较早的modem使用FSK方式，数据率为300比特每秒，IBM公司曾用这种方式实现了订票系统。后来技术逐渐提升，有了更复杂的调制方式，如QPSK、QAM等，配合多载波，速率就可以提高到兆比特每秒量级以上。

　　demodulate（解调）是调制的反过程，也就是从调制后的信号恢复最初的信号，实现解调的装置就是解调器（demodulator）。调制与解调都是单向的转换，二者做成一体就能实现双向转换，也就是调制解调器（modem）。

　　美国标准的电话交换机，采用8000赫兹对电话线传来的信号进行抽样，然后量化编码形成56千比特每秒的数字信号，一对普通电话线可以提供的最高数据率为56千比特每秒，这是理论值。而按照中国和欧洲的标准，虽然也是采用8000赫兹对信号抽样，但量化后为64千比特每秒的数字信号，两个标准有一些差异。

2. 网络协议

世界各地的网络可以连接在一起，是因为它们都使用了相同的网络协议。所谓网络协议，是为了让各种计算机在网络中进行数据交换而建立的规则、约定等。网络中的计算机五花八门，来自几十个不同的厂家，也有不同的型号和操作系统，一些设计和规范都不相同，为了让这些计算机之间可以互传数据，就需要建立起一套标准的格式和规范。

计算机的网络协议是分层实现的，从应用程序开始，向下经过一层层包装，最后通过物理层的电话线、双绞线、同轴线、光纤等传输到另一台计算机上，然后再一层层拆包，把原数据交给另一台计算机的相应应用程序，如图9-4所示。包装，就像快递的包裹，原物包在里面，主要是加上字头或控制字符，过一层包一次，而拆包则是把外面的包裹物拆除，露出里面的原物，过一层拆一次。

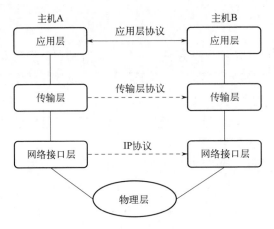

图9-4　网络分层与网络协议

网络协议包括很多项，其中核心的是TCP/IP协议，世界各地的网络都使用这套协议，才能做到互联互通，形成一个网络。其中，TCP是传输控制协议（transmission control protocol）的英文缩写，属于协议的传输层，IP是网络互连协议（internet protocol）的英文缩写，属于协议的网络层。

正是通过TCP/IP等网络协议，一台计算机的应用程序发出的数据，可以传输给另一台计算机的应用程序，哪怕其中一台计算机为Windows系统的计算机，而另一台为Linux系统的计算机，也能相互识别，甚至可以与超级计算机通信。

知识扩展　1985年，国际标准化组织ISO（International Standardization Organization）正式提出了OSI（open system interconnect，开放式系统互联）参考模型。如图9-5所示，这种模型共分为7层，从下向上分别为物理层（physical layer）、数据链路层（data link layer）、网络层（network layer）、传输层（transport layer）、

会话层（session layer）、表示层（presentation layer）、应用层（application layer）。之所以分那么多层次，目的是将每一层的任务变得简单并易于实现。OSI模型只是个概念框架，至于各层的具体实现要由相关厂商决定。

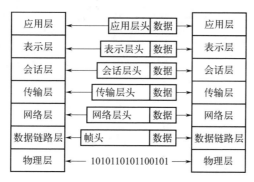

图9-5 ISO组织的OSI分层模型

此前TCP/IP等协议已经使用，只有4层，也没有定义物理层，并不完全符合OSI参考模型。

技术说明

在传输层，TCP是面向连接的协议，包括会话建立、确认、顺序化、流量控制、会话终止等过程。一旦建立一个会话，TCP会建立一个虚连接，通信应用程序之间就可以在此连接上传输数据。为了保证传输过程中主机不会丢失数据，面向连接的协议交换序号和确认信息，如果检测到丢失数据，就采用数据重传的方式。当主机空闲时，即没有数据交换，两个主机间也要发送保持活跃的短数据以维持虚连接。

传输层的另外一种协议是UDP（user datagram protocol，用户数据报协议），只发送数据，而不管接收方是否收到。发送方发出的每一个UDP数据包都是独立的，其中携带了完整的地址信息。UDP协议传输快速，用于实时性要求较高而可以承受一定错误的应用，如实时语音、实时视频等，也可用于实现一对多的数据发送，如广播、多播。

IP协议从UDP或TCP中接收数据流，将这些信息分块，为每块数据编址，形成IP数据包，然后通过网络将数据包发送给目的主机。当IP协议接收到一个错误时，只是丢弃该数据，并产生一个报告发给发送方。

在TCP协议中，加入的数据包包头是固定20字节，其中包括源端口和目的端口号，对应的是计算机中运行的程序被系统分配的进程号，而UDP协议加入的数据包包头只有8字节。

IP协议中，最小的IP数据包包头为20字节，最长为60字节，其中包括源地址和目的地址，每个地址为4字节，对应IPv4。而IPv6的最小包头长度为40字节，其中的源地址和目的地址都为16字节。

3. IP地址

收发数据就如同投递包裹，需要有发送地址和接收地址。互联网中，每一个接入网络的设备都会被分配一个地址，称为IP地址，这是互联网中设备的唯一标识码，相当于门牌号。IP地址经过了多次修改，目前主要是IPv4和IPv6还在使用。过去的IPv4使用32位的二进制数来表示地址，也就是4字节，因为互联网的快速发展，这个地址空间太小了，完全不够用，后来就推出128位的IPv6地址，这样的地址容量，据说地球上的每粒沙子都足够拥有一个地址。

过去已经部署了大量的IPv4地址设备，要过渡到IPv6就需要一个过程。经过十多年的时间，现在大部分网络及设备都已经支持了IPv6并拥有了IPv6地址，但还涉及相关软件的升级换代等很多问题，全面弃用IPv4还需要一段时间。

知识扩展

一般人比较熟悉的是IPv4地址，比如为计算机配置地址，大都知道192.168.0.x这种格式，这就是IPv4地址，如图9-6所示。普通人对十进制数比较习惯，转换为十六进制就是C0-A8-0-x，这就是4字节的二进制数，共32位。

IPv4地址其实分为A、B、C、D、E共5个类，其中C类为小型网络。在C类中，4字节的IPv4地址的前3字节表示网络的编号，最后1字节表示主机的编号，小型网络中最多可以有254个主机。在C类网络中，预留了一部分地址，称为私有地址，地址空间为192.168.0.0 ~ 192.168.255.255。任何人都可以使用私有地址，但使用这种地址的主机不能直接连接互联网，而要通过代理服务器（proxy server）接入，外网是无法看到使用这种IP地址的每台计算机的，也保证了每台计算机的安全。通过私有地址的接入方式，可以节省大量的IPv4地址，不至于很快就没有IP地址可用了。

使用这种地址，还常常看到地址掩码为255.255.255.0。前面已经介绍了，C类网的4字节的IPv4地址中前3字节为网络的编号，而255对应的二进制数为11111111，也就是前3字节的网络编号的每一位都对应了一个二进制数1，主要是方便软件进行相关的判断和处理。

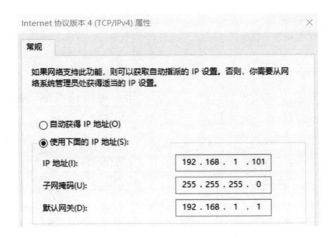

图9-6　Windows系统中IPv4地址的设置

使用计算机访问本机上的网络服务器，接入的IPv4地址会显示为127.0.0.0，这是一个特殊地址，称为本地环回。在IPv6中，本地环回为::1，其实就是0:0:0:0:0:0:0:1。

IPv6地址为128位的二进制数，也就是16字节，一般写为X:X:X:X:X:X:X:X的形式，其中每个X代表2字节，用十六进制数表示，前面的0可省略，如2408:895A:411:42C2:49B5:7623:D9E8:12D3。如果其中包括长串的0，就用::替代，但一个地址中只能用一次。

在IPv4和IPv6节点的混合环境，可以采用X:X:X:X:X:X:D.D.D.D的表示方法，其中前面的6个X每个为2字节，用十六进制表示，后面的4字节使用对应的十进制表示，与IPv4类似。

技术说明

如果要知道本机的IP地址，可以打开Windows系统的命令提示符，键入ipconfig命令并回车，下面就会显示出本机的IP地址。一般计算机都有多个网络适配器，包括有线的（RJ45）和无线的（WLAN、蓝牙等），如果已经启用就能看到对应的IPv4和IPv6地址。

如果想知道一个网站域名的IP地址，可以使用ping www.xxxx.yyy命令，回显信息中就有IP地址。

4. 电路交换与包交换

电话网的连接方式就是把两个电话用户的电话线对应连接在一起，两人就可以直接通话了。后来出现了步进交换机、纵横式交换机，电子技术出现后有了模拟式程控电话交换机，其核心是一个大规模的交换网络，如图9-7所示。

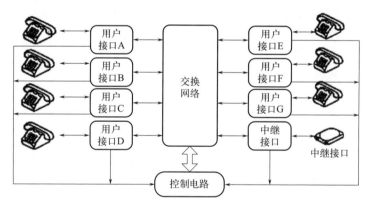

图9-7　模拟式程控交换机

这种交换网络，最终目的也是让两用户的电话线路直接连接。交换网络是通过一些设计，使任意两个用户之间都可以实现电路的直连，这称为电路交换（circuit switching）。

现在普遍使用的是数字式的程控交换机，两个用户通话期间需要维持一条通话的数字通道，在双方都静默的情况下也保持着连接，直到一方挂机才中断这个通道。这种数字交换机中，不再是物理电路的直连，而是信号通路的直连，使一方的语音信号能通过交换网络传到另一方，仍然属于电路交换。电路交换的网络，是根据通话时长计费的。图9-8为一种小型电话交换机设备。

图9-8　小型电话交换机设备

　　计算机网络则不同，不再是电路交换，而是包交换（packet switching）。就是计算机把要传送的数据，按一定大小分为很多数据包，在每个数据包加上包头，其中包括目的地址、源地址等相关信息，然后发送出去。一般情况下这一个个数据包并不会直接到达目的地，中间会通过多个节点，每个节点都会存储然后根据目的地址向下一个节点转发，直到到达最终的目的地址。在这个过程中，并不会一直占据某个通道，只是在传送过程中临时占用很短时间，此后通道就可以被其他数据包所使用。因为数据是被分为多个组，这种方式也称为分组交换，如图9-9所示。包交换的网络，一般是根据流量来计费的。

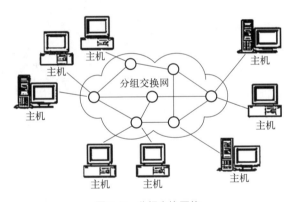

图9-9　分组交换网络

　　过去的交换机，都是指电话交换机，后来出现了计算机网络并有了包交换方式，才有了网络交换机（network switch）。电话交换机实现的是电路交换，网络交换机进行的是包交换。

　　网络交换机开始只用于传输数据，传输声音还是使用电话交换机。后来出现了VoIP（voice over internet protocol，互联网语音协议）技术，将模拟的声音信号数字化，就可以用数据包的形式在互联网上实时传输，网络电话就是使用这种技术实现的。以前的电视信号主要是通过有线电视的同轴电缆传输，现在有了IPTV技术，可使用网络传输电视信号，并能实现视频点播，一些通信运营商正以这种技术进入电视广播领域。目前的计算机网络，已经具有传送数据、语音、传真、视频等的功能，各种信息可以归于一统。

最早的电话局都是人工转接的，也就常出现接线员故意不给接通或转给他人的情况，一些影视剧中也有接线员偷听用户通话的桥段。美国堪萨斯州的一位殡仪馆老板阿尔蒙·斯特罗杰（Almon Strowger）认为是电话局接线员把一些电话转给了其竞争对手影响了生意，就苦心研究出了步进制自动交换机，在1891年获得了专利，还成立了公司把自动交换机商用。这以后的电话机才有了拨号盘，也才有了电话号码，每个安装电话的用户都被赋予了一个编号，通过拨号盘发送对应的电话编号就可以通过交换机直接接通对方，不再需要人工询问转接。

电话拨号盘就是一个在扭簧控制下的通断开关，按住需要拨打的号码旋转到底然后释放，拨盘在扭力作用下匀速反向旋转回位，在这个过程中就会发出这个号码对应的通断次数。交换机接收到这一个个通断信号，就会根据次数一步步地移动，当所有的号码发送完成，就最终连接到对方电话线的连接点处，双方的电话线路就接通了。步进电话交换机及拨号盘的设计很巧妙，带旋转拨号盘的电话机如图9-10所示。

图9-10 带旋转拨号盘的电话机

随着电话用户数量的增多，在步进交换机基础上出现了使用继电器的纵横式交换机，纵横式交换机在国内改革开放初期还在普遍使用。此后，国外的使用电子控制技术的程控交换机批量进口，逐渐替代了纵横交换机，不久就有合资企业在国内生产程控交换机，通过技术引进或套件组装方式也出现了国产的各种程控交换机，一些现今的大型通信企业就是以此起家的。

二、计算机网络的组成

目前，计算机网络遍布世界，连接的计算机数量庞大，既有大型机构，也有几个人的企业，家庭用户也很多，有通过有线连接的，也有无线上网的，计算机网络的结构非常复杂。虽然如此，计算机网络还是可以大致分为局域网、广域网和城域网，现在又提出物联网、工业互联网等。

1. 局域网

局域网（local area network，LAN）是指在一个较近区域内连接起来的多台计算机及服务器等组成的网络，比如连接一个小公司内部的几台计算机和存储数据的服务器。常用的组成结构见图9-11。

图9-11　集线器组成的计算机局域网

这种局域网中，核心设备为集线器（hub），所有计算机都通过RJ45网口通过网线连接到集线器的一个RJ45口上，这是最简单的一种局域网结构。如果要连接的计算机比较多，一个集线器上的RJ45连接口不够，或者需要分成几个办公区域，就可以分级连接，如图9-12。

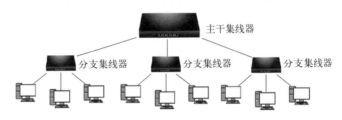

图9-12　多级集线器组成的局域网

主干集线器的RJ45口通过网线连接几个分支的集线器，每个分支集线器放置在一个办公区域内，这个区域内的计算机都连接到这个分支集线器上，所有的计算机就组成总体的一个局域网。

使用集线器组成的局域网中，所有设备的IP地址必须是同一网段才能接收到数据。判断是否同一网段，就是根据地址掩码，即地址掩码的二进制1对应位置的网址部分必须完全一样。比如地址掩码为255.255.255.0，那么192.168.0.5和192.168.0.201就是一个网段，而与192.168.1.6就不是一个网段。在手动设置每台计算机的网址，或者计算机具有多个网卡时，就要特别注意，不然可能无法通信。

不过，这种局域网只能在网络内部计算机之间相互通信，不能连接外网，因为没有出口。为了连接外网，一般都是加上路由器（router），组成图9-13的结构。一般情况下，局域网内的数据率比较高，过去往往是百兆网，现在逐渐向千兆网过渡，而通过路由器进出局域网的数据率就比较低了。如果采用光纤传输方式连接路由器，速率也可以比较高。

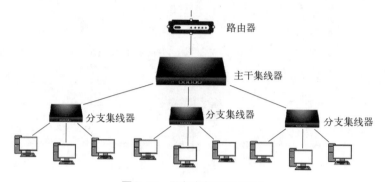

图9-13　具有路由器的局域网

随着无线通信技术的发展，现在局域网常常使用Wi-Fi来连接，特别是笔记本电脑都有内置的Wi-Fi模块，使用无线方式联网更加方便。使用带Wi-Fi的路由器，就可以让所有连接这个Wi-Fi的计算机组成一个网络，并实现相互之间的通信。其实，手机使用Wi-Fi上网也是这样一种方式，在办公室区域内，电脑和手机都能通过Wi-Fi上网，也可以通过Wi-Fi相互通信，只要软件支持即可。

知识扩展

在大型机、小型机时代，一家机构中的所有用户都是通过一个包括键盘和显示器的终端连接到这台昂贵的计算机上，组成一个网络，但这个网络中其实只有一台计算机，每个终端只是输入和输出设备。

个人计算机的性能越来越强，逐渐替代了小型机甚至大型机，但大机构还是需要相互传递数据并协作完成工作，就将这些个人计算机组成一个网络，出现了早期的一些局域网。当时的局域网主要采用以太网（ethernet）或令牌环（token ring）等方式组建。

以太网最初来自施乐公司的帕罗奥多研究中心（PARC），鲍勃·梅特卡夫（Bob Metcalfe）受雇来此把PARC的计算机连接起来并连到ARPAnet。最初的以太网使用同轴线，速率2.95兆比特每秒。当时已经出现令牌环等多种局域网技术，一些技术专家认为令牌环在理论上更加优越，以太网方案并未获得足够重视。梅特卡夫在1979年离开施乐公司创建了3Com公司，游说DEC、英特尔和施乐等公司将以太网规范标准化。以太网简单易用，很受用户欢迎，3Com公司也因销售以太网卡

图9-14　3Com公司的标识

等产品迅速成长为一家国际大公司。3Com公司标识如图9-14所示。

　　现在令牌环等其他局域网形式已经难觅踪影，看来一些领域的技术专家对技术发展的判断也常常不靠谱。商品化的应用技术，其优劣不能只看技术指标是否优越先进，也要看部署实施是否方便，并要考虑成本等其他因素。

　　以太网后来改为使用4芯或8芯的成对双绞线，布线更方便，成本更低，传输速率也逐步提升，出现10Base-T、100Base-T、1000Base-T等规格，也就是使用非屏蔽双绞线传输速率分别为10兆比特每秒、100兆比特每秒、1000兆比特每秒。使用光纤的以太网也出现了，如100Base-FX、1000Base-FX等。

　　以太（ether或aether）本为古希腊哲学家亚里士多德凭空想象的一种物质，为了解释电磁波的空间传播曾认为以太充满整个宇宙。以太学说后来被科学界所抛弃，但现在以太网却几乎无所不在。

　　目前的局域网，一般已经使用网络交换机取代集线器，特别是在大型网络中，以避免计算机较多时造成的网络数据冲突。但集线器简单廉价，在一些小型网络中仍在使用。

技 术 说 明

　　图9-15为早期的以太网结构，所有需要联网的计算机都要连接到一条同轴电缆上，是一种总线结构。前面我们介绍过CPU和计算机中的总线，为了

避免总线上那么多设备同时发送数据时造成冲突，就需要有一个控制器来协调，控制器是总线管理者。但在计算机网络中各台计算机是平等的，并不存在管理者，以太网是通过一种CSMA/CD技术来实现的。

图9-15　以太网中的CSMA/CD技术

CSMA/CD（carrier sense multiple access with collision detection，载波监听多点接入及碰撞检测）用于总线式无优先级网络中，每个设备在发送数据前要监听信道是否空闲，如果空闲就立即发送数据，如果有其他设备在发送数据就等待，在信道空闲后再发送数据。设备发送数据时同时监听，发现同时有其他设备也在发送数据就为冲突，立即停止发送，等待一段时间后再次尝试发送。最初的以太网是从ALOHA这种无线网络发展而来的，类似的避免数据冲突的方法常用于无线网络中。

后来出现了集线器，使用8芯的网线连接集线器和计算机网卡。其实百兆及以下的以太网只使用其中的4条线，分为两对，每对都是双绞线，使用串行差分信号，一收一发。集线器的某个口收到网卡发来的数据，就会向其他各个口转发，接在其他口上的计算机网卡都能收到，根据数据包上的目的地址判断是否需要接收，地址不对的数据包就会被丢弃。

使用集线器的以太网，虽然看起来不再是上面的总线结构，而是一种有中心节点的星形结构，但无电源的集线器只是起到线路汇集的作用，并不进行管理和控制，有电源的集线器主要只是信号的接收然后放大转发，而且是转发给所有的端口，也不进行管理和控制。

集线器只是网络物理层的连接方式，方便局域网的构建，有源的集线器也仅仅扩大了信号的传播距离。如果局域网中的设备比较多，使用CSMA/CD方式很容易出现大量的数据冲突，使网络传输效率急剧下降。因为集线器会把收到的数据转发到所有端口上，使用多个集线器也不会改善这种状况。为此，可以将局域网分为几段，每段之间使用网桥（bridge）来连接。网桥工作于数据链路层，只会把去往另外一段局域网的数据转发给对应的局域网段，而且两段局域网可以在不同的网段内，如可以实现192.168.0.5和192.168.1.6网址之间的通信。

现在有了局域网用的网络交换机，可以替代集线器和网桥的功能，也被称为交换式集线器。这种交换机可以根据每个信息包的目的地址送到对应的目的端口，而不会向所有端口发送，以提高网络的数据传输能力，如图9-16所示。

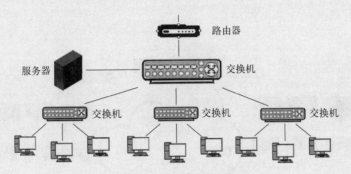

图9-16 使用网络交换机的局域网

路由器（router），顾名思义就是能为数据包选择通路的设备，工作于OSI分层模型中的第三层——网络层。路由器其实分成很多类别，有提供家庭或小企业局域网接入网络服务商的路由器，也有支持大企业或工业区使用的功能更强的路由器，有使用双绞线传输的路由器，也有使用光纤的路由器，还有具有Wi-Fi接入功能的路由器，等等。因为集线器和局域网交换机只能提供一定网段内的计算机之间的通信，与此外的计算机、服务器通信就需要使用路由器。

1984年，斯坦福大学（Stanford University）的一对教师夫妇莱昂纳德·波萨克（Leonard Bosack）和桑蒂·勒纳（Sandy Lerner）设计了多协议路由器，用于将斯坦福校园内互不兼容的计算机局域网整合在一起，二人由此成立了一家网络设备公司，

图9-17 思科公司的标识

也就是思科系统公司（Cisco Systems, Inc.）。思科公司标识如图9-17所示。

2. 城域网

一个城市内，或者几个城市组成的城市群中，一般联系比较紧密，需要传输的数据量比较大。为了适应这种特殊需要，很多城市（或城市群）就会建立一种城域网（metropolitan area network，MAN），其中metropolitan是大城市、大都会的意思，也就是这种网络主要用于繁荣的城市或都市圈。

如图9-18的网络结构中，几台网络交换机相互连接组成一个城市骨干网，每个局域网的路由器则连接到其中一台城域网交换机上，这样所有的局域网之间都可以相互通信，并组成一个大的网络。

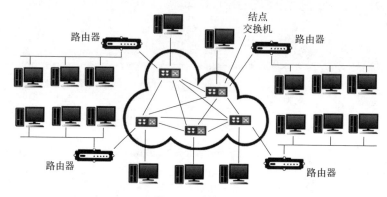

图9-18 城域网

城域网是一种高速网络，具有千兆以上的传输能力，目的是提供影像、视频等有较高数据率要求的服务，如网络电视、视频点播、视频通话、远程会议、远程监控等。城域网构建主要采用光纤，有多种光纤信号的组网技术，如SONET（synchronous optical network，同步光纤网络）、ATM（asynchronous transfer mode，异步传输模式）等。

技 术 说 明

　　城域网也使用网络交换机，这里的交换机与前文提到的局域网中的网络交换机有些差异。网络交换机种类有很多，只要是采用包交换方式的都可以称为网络交换机。按OSI的网络分层模型，可以分为第二层交换机、第三层交换机、第四层交换机等。局域网中使用的一般是第二层交换机，也就是基于MAC

地址的交换机，而城域网、广域网则会使用第三层以上的交换机，用于构建骨干网。

网络交换机还有其他分类方式，如接入层交换机、汇聚层交换机、核心层交换机，还有以太网交换机、快速以太网交换机、千兆以太网交换机、FDDI交换机、ATM交换机等。其中一些类别都是用于城域网、广域网，是网络运营商专用机房内的设备，一般人难以看到，居家、办公一般只会用到第二层交换机。

3. 广域网

与局域网相对的是广域网（wide area network，WAN），也叫远程网（remote computer network，RCN），按字面意思就是连接距离比较远的网络，目的是将分布在不同地域的计算机网络互连起来。广域网的形式比较多，因为历史的原因网络结构也比较复杂，图9-19是一种结构形式。

在图9-19的网络结构中，先是把局域网接入城域网，然后城域网之间相互连接为广域网。如果城市之间距离比较远，相互之间的联系又不是很紧密，就不需要很多的传输线路，往往只有很少几条，甚至是点对点连接。

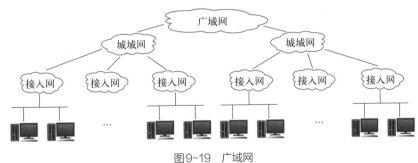

图9-19 广域网

一般情况下，提供上述连接的都是各地的电信运营商，提供连接的方式包括光纤、微波中继、卫星等。

上面的局域网、城域网、广域网，只是大致的一个划分，随着技术发展，有些界限也变得模糊，特别是一些专用网络的铺设和网络交换机的广泛应用，而且还有了使用卫星组建的互联网。随着IPv6的铺开，有了更充足的网址空间，允许更多的设备直接接入互联网，也就不需要那么多中间节点的转接，也会发展出新技术、新结构。

> **知识扩展**
>
> 广域网有很多连接方式，如PSTN（public switched telephone network，公共交换电话网）、X.25（国际电报电话咨询委员会CCITT制定的以虚拟电路服务为基础公用数据网）、DDN（digital data network，数字数据网）、帧中继（可提供2兆比特每秒的数据率的虚拟专线）、SMDS（switched multi-megabit data service，交换式多兆位数据服务）、ISDN（integrated services digital network，综合业务数字网）、ATM（asynchronous transfer mode，异步传输模式）等，很多都是网络发展历史上出现并留存下来的，随着设备的更新换代，一些方式可能会消失。

4. 物联网

从20世纪90年代开始，出现了物联网（internet of things ，IoT）的概念，目的是要实现万物互联。

什么是物联网？按国际电信联盟（International Telecommunication Union，ITU）的定义，物体要具有条码、二维码、射频识别（RFID）等光学或电子标签，通过扫描器、读卡器等设备与网络连接，进行信息交换和通信，实现识别、跟踪、监控和管理等，还能通过GPS等信息进行定位。按其实现方式，主要是面向物流和货物管理方面。

随着CPU价格的降低和MCU性能的增强，还有网络的发展，现在也出现了为智能设备加入网络模块，实现直接联网的方案。

限于成本、耗电等因素，多数智能设备难以联网，特别是电池供电的设备，一个重要原因是互联网使用的TCP/IP的数据包比较大，对传输速率要求高，普通MCU难以收发和处理。为了实现智能设备联网，就出现一些轻量级的网络协议，如MQTT（message queuing telemetry transport，消息队列遥测传输）、CoAP（constrained application protocol，受限应用协议）、DDS（data distribution service for real-time systems，面向实时系统的数据分发服务）、AMQP（advanced message queuing protocol，高级消息队列协议）等，一般是通过通信代理设备转接再接入互联网。

有一些低耗电、低速率的通信模块，如NB-IoT、LoRa等，通过嵌入这样的通信模块，再采用适合的通信协议，就能让更多的智能设备接入互联网，比如可以实现农业温室大棚的远程监控调节、水文气象无人值守站的即时数据采集等。一些云服务提供商已经有这样的解决方案。

不过NB-IoT依赖移动通信运营商，需要SIM卡才能使用，而LoRa技术则是一家公司的商业产品。还有其他一些技术，如蓝牙mesh、连接工业设备UART（Universal Asynchronous Receiver/Transmitter，通用异步收发器）接口的Wi-Fi模块等，也已经出现并在发展中。

> **知识扩展**
>
> 工业应用中早已出现控制网，但一般都是工业现场到监控室之间的连接，后来逐渐形成4～20毫安工业标准的网络。一些大企业在这种网络基础上，通过引入智能技术和数字通信技术发展出了工业现场总线（field bus）。因为这种现场总线是一些大企业及合作伙伴在自家设备基础上形成的，标准很多，如西门子公司的Profibus、Contact公司的Interbus、罗克韦尔（Rockwell）公司的ControlNet、施耐德电气（Schneider-electric）的Modbus等，有十多种总线形式，难以互通。
>
> 总体上，工业网络上传输的数据率比较低，大多起源于RS-232、RS-422、RS-485这类串行异步通信，而互联网则在向高速宽带发展，二者之间还是有比较大的差距的。目前可以见到一些公司推出的协议转换模块，可将工业数据通过互联网传输，也有一些工业现场总线在向互联网协议靠拢。

三、网络操作的特点

计算机连接成网络，在网络中的操作就与本机上的操作有一些差别。

1. 网络操作系统

网络操作系统（network operate system，NOS）是计算机网络出现后发展出的一种系统软件，主要用于局域网。使用NOS软件后，可以在局域网中共享数据以及硬盘、打印机等设备，比如把其他计算机中的硬盘（或其中的部分文件夹）映射到本机上，像操作本机上的硬盘那样，也可以把本机的文件传送到网络的打印机上去打印。

最初的DOS、Windows等操作系统没有网络能力，或者功能比较弱，就有其他公司推出的网络操作系统，比较出名是Novell Netware。随着网络技术的铺开，Windows等操作系统也加强了网络处理能力，把很多网络功能整合进来，现在也都是网络操作系统了。

2. 客户端与服务器

网络应用中，经常会遇到客户端/服务器（client/server，C/S）的概念。一般来说，用户使用的计算机就是客户端，而需要获取数据或输出数据的另一台设备就是服务器。比如，我们需要查询仓库中的物料情况，仓库数据一般是放在企业的服务器中的，可以在本地的计算机中打开查询界面，由软件通过网络向服务器申请数据，服务器给出的数据通过网络返回到本地计算机上，然后就能显示出来，这就是一个典型的客户端/服务器模式。SyBase、Oracle等公司就是提供这种C/S模式数据库的软件公司，微软推出的SQL Server也是这种数据库。商业、金融等领域的企业，大量使用客户端/服务器模式的数据库，包括国内很多银行系统。

C/S模式其实应用范围很广，比如计算机要打印，有了网络之后一般不会每台计算机都带打印机，一个局域网中常常只有少数几台。从本机发出打印请求，通过网络把要打印的文件发往网络打印机，打印机收到数据后就能打印出来。在这里，网络打印机就作为打印服务器。

其实，C/S未必一定在两台设备上，一台设备的两个应用程序之间也可以使用这种模式。比如，可以在个人计算机上搭建一个虚拟的网络服务器，功能就如同在网络上的服务器那样，然后通过浏览器就可以打开本地服务器中的网页，显示其中的内容。一般建网站都会这样，便于先检查显示效果并随时修改，设计完成后才会集中上传到网络上的实际服务器中。

现在，很多网络应用程序都会使用C/S模式，如数据库查询、网络浏览等。应用程序就分为在本机运行的和在服务器上运行的两部分，分别称为前端和后端，两端运行的程序需要搭配好并合理地进行功能分配，以达到最佳的性能和效果。

> **知识扩展** 网页一般是存放在网站服务器上的，在计算机上使用浏览器打开一个网页时，这个网页的代码可能有一部分会先在网站服务器上运行，然后把获得的数据通过网络传给计算机的浏览器，再在浏览器中运行才最终显示出来。在网站服务器中运行的代码称为网络后端程序，而在浏览器中运行的代码称为网络前端程序。

网络前端程序，也就是在浏览器中运行的那些代码，是HTML+CSS+ JavaScript格式。而网络后端程序，也就是运行在网络服务器上的代码，有多种编程语言，常见的有Java、C#、PHP、Python等，关键是看网络服务器支持哪种编程语言，这与服务器的配置软件有关。

技 术 说 明

网络编程时，服务器端启动后，一般是进入等待状态，等待客户端的连接请求。收到客户端的请求后，先鉴权，然后根据请求的内容发送需要的数据给客户端。

而对客户端来说，如果需要向服务器端请求数据，就发出请求数据包，然后等待服务器的答复。收到服务器返回的数据包后解析数据，再作进一步的处理。

3. 局域网的地址解析

根据TCP/IP协议，一个数据包传递需要有源地址和目的地址，而对一台计算机来说，只有一个厂家固定设置的网卡的MAC（media access control，介质访问控制）地址，也称物理地址。在多台计算机组成的局域网中，就需要有一个MAC地址到IP地址的映射，称为地址解析。

地址解析主要包括ARP、DHCP等协议。ARP（address resolution protocol，地址解析协议）是根据IP地址获取物理地址的一个协议，主机发送信息时将包含目标IP地址的ARP请求用广播方式发送给局域网上的所有主机，通过接收返回的消息来确定目标的物理地址，并将收到的IP地址和物理地址的对应表保存，以便以后可以直接使用。在IPv6中，地址解析协议的功能由邻居发现协议（neighbor discovery protocol，NDP）实现。

DHCP（dynamic host configuration protocol，动态主机配置协议）用于给内部网络设备自动分配IP地址。使用DHCP需要有DHCP服务器，用于管理分配IP地址，一般是由路由器来执行，也可以通过DHCP软件配置给某台计算机作为DHCP服务器。

> **知识扩展**
>
> 　　还有两个协议也是用于地址解析的，RARP（reverse address resolution protocol，反向地址解析协议）和BOOTP（引导协议），不过这两种协议主要用于无盘工作站网络中。在这种局域网中，只有服务器带有硬盘，其他计算机都只有临时保存数据的内存及输入/输出的键盘、显示器等设备，断电后所有数据都会丢失，上电后就需要通过MAC地址向服务器请求IP地址，然后才能进行网络通信。
>
> 　　无盘工作站很像过去大型机、小型机时代的用户终端，主要功能就是输入和输出，曾经被很多人看好，认为可以流行起来。这种方式可能更适合一些大型企事业单位，每台计算机不能保存数据具有很高的数据安全性，不过这样也导致每台工作站计算机难以运行较大、较复杂的程序。很多应用程序占用的硬盘空间很大，为了在无盘工作站上运行可能还需要开发相应的版本。

四、计算机网络的应用

　　NSFnet的建立是为了让更多用户可以分享超级计算机的计算能力，但随着用户的不断接入，通过网络的相互沟通更具吸引力，还可以便捷地获取多方面的信息。正是这些互联网应用，让更多用户产生兴趣并纷纷加入网络，带来了互联网的繁荣。

1. 早期的互联网应用

　　在互联网的早期，网速比较慢，主要是传送字符信息，当时的计算机也主要是DOS、Unix这种字符界面系统，一些以字符信息为主的互联网应用已经开始出现。

（1）新闻组

　　新闻组（usenet）是早期互联网应用的一个代表，依赖的是1978年出现的UUCP（Unix to Unix copy protocol，Unix间复制协议）技术。UUCP用于在Unix系统计算机之间的数据存储和转发，不依赖TCP/IP协议，一些计算机通过这项技术组合起来称为Usenet服务器。

　　各种用户可连接到Usenet服务器上，阅读其他人的消息并参与讨论。Usenet按不同的主题划分为不同的讨论组，在其中能找到大量与此主题有关的文章和讨论内容。繁荣时期，Usenet服务器有5000多个，最大的Usenet服务器包含39000多个讨论组，每个讨论组中又有上千个讨论主题。

不过Usenet的国内用户比较少，基本不为人知，可能与Unix系统的主机比较少有关。

（2）电子邮件

电子邮件（email）被认为是在ARPAnet时期就出现雏形并被一直应用到现在的一种互联网应用，电子邮件的普及已经大范围替代了普通信件。

实现电子邮件服务的是互联网上的邮件服务器，每个在邮件服务器上注册的用户就拥有了一个用户标识符并有一个保存邮件的空间，还具有接收/发送邮件的能力，邮件收发地址采用"用户标识符@邮件服务器域名"的格式。互联网上的邮件服务器有很多，如Hotmail、Foxmail、Gmail、QQ mail、163 mail、139 mail等，不仅本服务器的用户之间可以互发邮件，这些邮件服务器之间也可以互发邮件，它们都支持SMTP（简单邮件传输协议）、POP3（邮局协议）、IMAP（internet邮件访问协议）等协议。有的电子邮件软件设计了本地计算机上的界面，如Foxmail，更方便使用，邮件其实仍然在邮件服务器上，只是实现了本机与邮件服务器之间的自动互传。

因为邮件比较正式，并能添加各种格式的附件，发出后不可修改，目前仍用于商务、办公等正式场合，很多企业员工新入职就会得到一个电子邮箱地址和账号密码。

（3）即时通信

即时通信（instant messaging，IM）是可以让两人或多人通过网络实时交流的一种服务，在Unix/Linux系统中就有talk命令可以实现两用户之间的交流。1996年，三个以色列青年开发了可在Windows系统上运行的ICQ软件，很快在世界流行起来，半年后就达到100万用户，1998年达到1000万用户，此后被美国在线（AOL）以超过4亿美元收购，成为流行世界的一种即时通信软件。ICQ软件标识如图9-20（a）所示，QQ软件标识如图9-20（b）所示。

1999年，腾讯公司推出QQ，具有与ICQ相似的功能，迅速在国内流行起来。很快多家公司也都进入即时通信领域，推出类似功能的软件，但一般都限于小范围，如商户与用户之间的沟通、企业员工之间的沟通等。后来，还出现了可以打网络电话的skype即时通信软件，被很多公司作为远程办公使用，现在已被微软收购。

(a) ICQ软件标识　　　　(b) QQ软件标识

图9-20　即时通信软件标识

（4）其他应用

Gopher曾是互联网上的一个非常有名的信息查找系统，它将网上的文件组织成索引，使用层叠结构的菜单与文件，用以发现和检索信息。

早期上网主要使用普通电话线，网速一般只有几十千比特每秒，一张几百千字节的并不大的图片就要传输数秒到十几秒，也就只能以单调枯燥的字符信息为主。随着互联网网速的提升，已经可以传输大量图片、声音甚至视频，内容更丰富多彩的服务就出现了。

> **知识扩展**
>
> telnet是互联网上远程登录服务的标准协议。用户在本地计算机上使用telnet程序，可以通过IP地址或域名连接到远端的计算机，经鉴权就可以控制远程计算机，一般用于管理员维护网上的服务器或排除远程计算机的故障。Windows操作系统中就内置有telnet管理工具，被称为"远程桌面连接"。
>
> FTP（file transfer protocol，文件传输协议）是一种通过互联网传输文件的协议，使用客户端/服务器方式工作，用于FTP服务器与客户端之间的文件互传。客户端FTP软件很多，比如FileZilla、CuteFTP、FlashFXP、LeapFTP、8uFTP等。FTP出现在1971年，目前仍然是被广泛使用的一种文件传输方式，比如管理网站服务器上的文件。
>
> 互联网上有很多FTP服务器，存储了大量可供下载的资源，很早就有人开发出了Archie，把这些FTP资源汇总起来，这是FTP资源的搜索引擎。

2. 万维网与浏览器

万维网（world wide web，WWW），是目前互联网中占比最高的应用，自从出现就迅速风靡世界，给用户带来很多惊喜。使用WWW应用的软件称为浏览器（web browser），这是运行在计算机上的一个应用程序，通过浏览器可以把网页（web）中的丰富内容展示出来。

1993年初，美国伊利诺伊大学（University of Illinois）的NCSA（National Center for Supercomputing Applications，国家超级计算机应用中心）开发了图形化的浏览器Mosaic，这个浏览器最初是运行在Unix系统的图形界面X Window平台上，后来又开发了在Macintosh和Windows等系统上运行的Mosaic版本。可以显示图片的Mosaic浏览器一经推出，就受到用户的喜爱，并成为网页浏览器的标准，也成为网页应用竞争爆发的导火索。Mosaic浏览器的标识如图9-21所示。

很快NCSA就把Mosaic浏览器的技术转让给了SpyGlass公司以获取收益。1994年，Mosaic浏览器的核心开发人员马克•安德森（Marc Andreessen）等人合作创建了

图9-21　Mosaic浏览器的标识

Netscape Communication Corporation（网景公司），只能重写浏览器代码，并把新浏览器命名为Netscape Navigator。这款浏览器以共享软件（try before you buy，先试用后购买）方式出售，并不断添加新功能，很快就达到市场占有率的首位，并于次年公司股票上市。

知识扩展

英国人蒂姆·伯纳斯·李（Tim Berners-Lee）被认为是万维网的发明者。1984年，伯纳斯·李进入位于瑞士日内瓦的由欧洲原子核研究会（CERN）建立的粒子实验室工作，被分配开发一个可以把各地实验室和研究所的最新信息、数据、图像资料共享的软件。通过完成这项任务，伯纳斯·李产生了建立更大范围信息网的设想，还得到了一笔经费购买了一台乔布斯离开苹果公司后推出的当时性能超前的NeXT计算机。

1989年，伯纳斯·李在NeXT计算机上开发出了web服务器和客户机，主要功能是允许用户进入主机查询每个研究人员的电话号码，虽然功能不强，却是世界首创，后来还建立起了第一个WWW网站info.cern.ch。不久，CERN的工作人员编写了可在Unix和MS-DOS系统上运行的浏览器，主要功能也是显示电话本。

1992年，四位芬兰学生发布了第一款提供图形界面的浏览器Erwise，已经可以处理各种字体并在超链接下方显示下划线，不过没有投资者给予资金支持未能继续下去。后来又出现了ViolaWWW、Midas、Samba等浏览器，正是在看到ViolaWWW和Midas浏览器的效果后，马克•安德森等人开发出了Mosaic浏览器的各种平台版本，其中的几位后来建立起了引领时代的Netscape公司。

Netscape公司的快速发展让微软公司感到了危机，微软公司在1995年购买了SpyGlass公司的Mosaic授权，并以此为基础开发了Internet Explorer（IE）浏览器。两家公司此后展开浏览器大战，微软公司以Windows操作系统捆绑IE浏览器销售方式击败了Netscape公司。Netscape公司在1998年成立了Mozilla组织，把一些软件开源，并把此后的软件免费，不久被美国在线（AOL）收购。Netscape公司与Mozilla组织标识如图9-22所示。

图9-22　Netscape公司与Mozilla组织标识

　　从1997年开始，微软公司受到反垄断调查，在2000年与美国司法部达成妥协。在此背景下，美国在线向微软公司提出索偿诉讼，2003年达成和解，微软支付7.5亿美元并提供7年无限制使用IE浏览器的权利。不久Netscape公司被解散，Mozilla基金会（Mozilla Foundation）同时成立，以后又成立了Mozilla公司，Firefox就是其推出的浏览器软件。

　　另外需要提到，最初开发Mosaic的伊利诺伊大学的NCSA正是美国国家科学基金会（NSF）建立的6个超级计算机中心之一，最初的NSFnet就是为了连接这些超级计算机中心。NCSA的研究成果中除了Mosaic浏览器，还有Apache网站服务器、CGI（common gateway interface，通用网关接口），以及实现电影特效的复杂算法等。前面列举的这些都是为人所知的应用技术，还有很多不为人知的科学研究方面的成果，当初投资建设超级计算机中心有了很好的回报。Apache标识如图9-23所示。

图9-23　Apache标识

3. 超文本标记语言

浏览器为何如此受欢迎？因为之前的应用主要是字符信息，单调枯燥，有了浏览器就不同了，可以显示图片，后来也能播放声音和视频，还可以通过前端编程实现绘制图形、动画等。能实现如此复杂多样的功能，有赖于超文本标记语言（hyper text markup language，HTML）。

计算机早期使用的都是普通文本，如同Notepad（记事本）、Vim软件中显示的那样，都是大小一样一种字体的字符，文件中其实只有代表每个字符的编码，称为纯文本。此后出现一种富文本格式（rich text format，RTF），如Windows系统的写字板（WordPad）就是一种，可以显示不同的字形、字号，还可以定义字符的颜色、显示图形等，这种文本文件中不仅包括文本字符，还有一些表示字体、字号、颜色等的格式字符，以RTF格式保存，使用Notepad打开这种RTF文件就可以看到那些格式字符。当然，后来出现的Word字处理软件也是使用富文本，格式内容更多，功能更强大，但其中的格式字符已经无法通过Notepad看到。

像RTF这种格式，是一种富文本的标准格式，可以在很多操作系统、很多类型的计算机中使用。但网络上使用，还有其他一些需要，比如我们点击某个网页的链接，就可以打开另外一个网页，甚至能跳转到另外的网站，这在普通的富文本中是没有的，后来的Word版本才加入了超链接的功能。

在20世纪80年代，行业内已经有关于超文本（hypertext）技术的研究，使用超链接的方法，可将存放在不同位置的文本信息组织成为网状文本。伯纳斯·李就是通过超文本的方式来实现Web服务器和客户机，并建立了二者之间传输数据的超文本传送协议（hypertext transfer protocol，HTTP）。

有了超文本，就可以把很多文本文件通过相互"链接"组织起来，只需要选择这个链接，就能转到链接对应的那个文本，打开并显示，而被打开的文本也可以有超链接，这样就可以一个个传递下去，组成一个文本的网。其中的每个文本，可以是纯文本，也可以是富文本，不仅有单调的文字，还能有不同字体、字号、颜色等，并能显示图片、音频、视频等更丰富的内容。

这种复杂的超文本，要能把表示的内容呈现给用户，就需要一个显示软件，这就是浏览器。浏览器就是一种可以打开各种超文本文件并给予正确显示的应用软件。目前国际上比较流行的浏览器有谷歌（Google）公司的Chrome、苹果公司的Safari、Mozilla的Firefox（火狐）和Opera公司的Opera（欧朋）等，还有微软公司近些年推出的Edge浏览器。其中Chrome浏览器更便于调试前端程序，为网页开发者首选。

标记语言，出现在1968年，IBM公司的工作人员提出了GML（generalized markup language, 通用标记语言），目的是将文件结构化并具有在不同计算机平台上的一致性。在此基础上扩展完善，就形成了SGML（standard generalized markup language, 标准通用标记语言），1986年被国际标准化组织（ISO）所采纳，成为ISO 8897。

SGML功能强大，有完整的体系结构，也非常复杂，实现的软件价格高昂。随着WWW技术的发展，很多人看到HTML的局限性，提出应使用SGML，但没有浏览器厂商愿意去实现。

由于SGML过于复杂，伯纳斯·李作了简化，形成最初的HTML文件格式，1991年发布。1994年，伯纳斯·李创建了非营利性的万维网联盟（world wide web consortium, W3C），邀集Microsoft、Netscape、Sun、Apple、IBM等互联网领域的著名公司，致力于使WWW技术标准化，并进一步推动Web技术的发展。在欧美这些地区，这种专业性技术组织对推动技术进步起到了关键性的作用，专业领域怎么发展，只有相关领域的专业人员才会了解。W3C组织的标识如图9-24所示。

随着计算机及网络技术的进步，人们希望在网页中加入更加丰富的内容，W3C推动HTML标准的跟进，由此也出现一些分歧。W3C希望HTML语法更加严谨，推出了XHTML（extensible hypertext markup language，可扩展超文本标记语言），造成过去已经存在的大量网站网页出现兼容问题。2004年，Opera、Mozilla基金会和苹果公司这些浏览器厂商组成WHATWG（web hypertext application technology working group，网页超文本应用技术工作组），提出了Web Applications 1.0，2007年此方案被W3C接受，成为跨越性的HTML5，简称H5。H5标识如图9-25所示。随着HTML5的逐渐成熟，现在新的网

图9-24　W3C组织的标识

图9-25　HTML5标识

页基本采用HTML5定义的格式。虽然伯纳斯·李被誉为万维网的发明者，备受推崇，但其建立的W3C组织并没有独断专行，而是从善如流，毕竟浏览器还是需要相关厂商去具体实现。

HTML5中建议不再使用过去的一些旧的标记，如字体颜色、字体大小等，而改用CSS（cascading style sheets，层叠样式表）形式。HTML5还加入了Canvas（画布）等很多新元素，需要JavaScript编程语言来实现，这样就把HTML与CSS和JavaScript编程语言紧密地结合在一起。后来，CSS也有了新的版本，称为CSS3，2015年发布了JavaScript的新版本ECMAScript 6.0，简称ES6，此后每年都会发布新特性。目前编写前端代码一般直接使用HTML5+CSS3+ES6，不过需要注意，有些过于新的规范（如WebGL、WebAssembly等）并不是所有浏览器都支持，特别是国产的浏览器，支持得不多。

过去，微软公司的IE浏览器与其他公司的浏览器差别比较大，编写者为了网页在各种浏览器上都能呈现相同的显示效果，可谓煞费苦心。不过，随着HTML5的推出，微软公司独特的IE浏览器也终于改换为执行了HTML5标准的Edge浏览器，网页编写者现在就很少需要考虑浏览器的适配，写代码就容易了很多。不过随着手持设备的普及，为了让网页可以在手持设备和电脑上都能使用，又需要考虑设备适配性问题。

技 术 说 明

HTML具体的样貌，使用实例说明较好。

```
<!DOCTYPE html>
<html lang="zh-Hans">
<head>
<meta charset="gb18030" />
<title>画圆</title>
</head>
```

```
<body>
<h1 style="color:red;">在浏览器中画个圆</h1>
<canvas id="canvas" width="600" height="400"> </canvas>
<p><a href="http://www.dwenzhao.cn">网址</a></p>
<script type="text/JavaScript">
const canvas = document.getElementById('canvas'),
context = canvas.getContext('2d'),
w=canvas.width
h=canvas.height;
window.onload=function(){
  context.lineWidth=2;
  context.strokeStyle="#336699";
  let x,y;
  context.moveTo(0,h/2);
  context.beginPath();
  for(let angle=0;angle<=360;angle++){
    x=w*(1+Math.sin(Math.PI*angle/180))/2;
    y=h*(1+Math.cos(Math.PI*angle/180))/2;
    context.lineTo(x,y);
  }
  context.stroke();
}</script>
</body>
</html>
```

上面就是一份完整的简单网页代码。代码中，第一行代码为HTML5规定的文件头，后面的所有代码都包裹在<html></html>这一对标记中，其中有lang="zh-Hans"的内容用于定义<html>的语言属性，这里指明使用的是汉字。

HTML文件中有很多预定义的成对标记，如<head></head>、<body></body>等，分别表示文件头和文件体。文件头一般是定义网页的一些总体特性，其中<title></title>中的内容会显示在浏览器的标签栏上。<meta>标记中有charset="gb18030"的代码，表示使用的字符集为GB 18030，也常使用utf-8。

文件体为网页中的具体内容。这个文件体中有<h1></h1>、<p></p>、<a></a>和<canvas> </canvas>等成对的标记，<h1></h1>中是标题、<p></p>中是要显示的段落文本，<a></a>是超链接，<canvas> </canvas>是放置一块画布。

标记<h1>有style="color:red;"属性，这是一种内联的样式表示方法，定义其中文字的颜色。标记<a>有href属性，后面的属性值就是对应转向的超链接网址。画布<canvas>有id、width、height三部分属性，定义标号、宽度、高度等属性值，画布中的具体内容，由<script>与</script>之间的JavaScript代码来实现，不再对这段代码具体说明了。

将上述文件代码写入Notepad（记事本），然后保存为test.html文件放在桌面上，也可以使用其他文件名。在Windows下，如果存为html文件会自动转为默认浏览器的图标，用鼠标双击这个文件，就可以用默认浏览器打开，显示出图9-26的界面。界面左上角显示了一串红色的文字"在浏览器中画个圆"，下面显示了一个扁圆（因为画

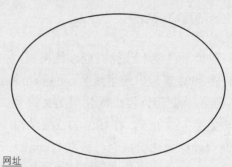
在浏览器中画个圆

网址

图9-26　代码在浏览器中显示的内容

布长宽值不同而变扁的圆），左下角出现网址两个字，并有下划线，说明这是一个超链接，鼠标点击就能打开对应的网址。注意，代码中的引号、括号、逗号、分号、冒号等必须使用英文字符中的符号，否则代码将无法运行。

HTML的各种标记比较多，大多数是成对出现的，像前面介绍的几种，也有少数是只有一个，如网页代码中的<meta/>，其他还有表示换行的
、画横线的<hr />、显示某个图片的<img/>标记，等等。虽然HTML中的标记比较多，但实际上只有一部分比较常用，很多标记已经很少用，也有一些旧版本的已不再建议使用。

上面代码中显示了一些文字，使用<h1>控制大小，使用style= "color:

red;"显示了颜色。<h1> ~ <h6>是HTML5保留的标题定义格式，但行间距比较大，如果不是标题一般不要使用。用style定义的文本颜色，是CSS的内联写法，格式简单时可以这样使用，如果要定义字体、字号等很多内容，就会比较长。而且这样使用，如果要修改颜色等属性值就比较麻烦，需要在网页中挨个查找每个设置并修改。一般建议是放在文件头中使用<style></style>定义，甚至存放为独立的CSS文件，使用link方式让多个网页都能使用，便于保持网页风格的一致性，修改也方便。CSS相关内容比较多，就不作详细介绍了。

上面介绍了用记事本（Notepad）来写代码并保存，记事本保存的是纯文本，没有其他的格式字符，可用来写一些简单的程序。当然，程序员都有自己习惯使用的代码编辑软件，前面已有一些相关介绍。使用专用的代码编辑软件，可把一些编程语言的关键字等用醒目的多种颜色显示，便于排查错误和修改。

4. 域名与解析

IP地址是便于计算机处理的格式，但阿拉伯数字组成的字符串对人来说比较难记，在1983年就出现了域名（domain name），如www.yahoo.com的样式。早期的域名主要分为三段，段之间使用英文符号"."分隔。

如图9-27所示，在域名的三段结构中：最右侧的一段称为顶级域名，主要为com、net、org、edu、gov、mil等，分别表示商业机构、网络服务商、非营利组织、教育机构、政府机构、军事机构等；中间一段称为二级域名，由拉丁字母、数

图9-27 域名的选择

字及短横线组成，由域名申请者自己选取，但不能重名；最前面一段则是提供的网络服务代码，如www、email、ftp、gopher等。据统计，com域名占全部域名的90%。

随着互联网向全球的普及，出现了代表国家和地区的顶级域名，并分配了一个拉丁字母缩写，如中国大陆为cn、中国香港为hk、中国台湾为tw等。使用这样的顶级域名，域名常常分为四段，二级域名一般使用com、net、org、edu、gov等，三级域名自己选取、也可以不使用这些二级域名，直接使用自己选取的二级域名，这也是三段结构。后来，顶级域名又有了扩展，有aero、biz、coop、info、museum、name等，甚至出现了xyz、top。国内代理机构可以申请的拉丁字母的顶级域名已有50多个，还有十多个中文顶级域名。

不过，域名只是为了方便人的识别和记忆，计算机网络中还是需要使用IP地址。为此，就需要将域名转换为IP地址，称为域名解析，这是通过DNS（domain name system，域名系统）服务器实现的。DNS网络服务器中存放着域名与IP地址对应的列表，在浏览器地址栏中输入某个域名，浏览器软件就会向DNS服务器发出域名解析请求，然后使用返回的IP地址去访问相应的网站。

知识扩展

　　DNS服务器在网络上有很多，如果本地的DNS服务器无法解析，会向根域名服务器发出请求，根域名服务器中储存了负责每个域（如com、net、org等）解析的域名服务器的地址信息，据此就可以找到对应的可解析的DNS服务器。

　　全球有13台根逻辑域名服务器，名字分别为"A"至"M"，因为有镜像根服务器，实际上共有数百台分布在全球各地。据资料，中国有4组根服务器镜像，可以保证在外网阻塞情况下的域名解析。

5. 万维网应用的发展

自从出现了图形界面下美观的万维网和浏览器，风头很快盖过了其他的互联网应用，各种各样的WWW网站风起云涌，出现了很多新应用。

（1）搜索引擎

互联网的庞大让人不知头绪，查找相关信息、资源和服务比较犯难，就出现了搜索引擎和门户网站。搜索引擎就是使用软件跟踪一个个超链接，把获取的网址及对应的摘要根据关键词存入服务器中，当用户搜索某个关键词时就在服务器中查询，并把查询到的对应网址及摘要输出为网页并在用户浏览器中显示出来，用户点击这个网址就能导向对应的网页。

搜索引擎一开始只是为了方便用户在庞大的互联网中搜寻需要的信息，有些搜索引擎做得比较好，吸引大量用户使用，就成为一些商家投放广告的平台，也就有了不错的收益。谷歌公司就在此基础上发展起来，然后转投浏览器、手机操作系统、人工智能等多个领域，成为国际上知名的高科技公司。微软公司现在也有了搜索引擎bing（必应）。国内搜索引擎过去主要是百度，后来360、搜狗等也进入这个领域，主要搜索范围是简体中文网站。搜索引擎谷歌和百度的标识如图9-28所示。

（2）门户网站

门户网站也出现得比较早，就是把各种领域的一些网站网址汇总在页面上，便于用户根据需要查找并打开，也会提供多方面的新闻。

　　早期出名的门户网站是雅虎（Yahoo），曾在全世界扩展业务，后来国内出现新浪、搜狐、网易等门户网站。门户网站门槛比较低，很容易被模仿复制，一些门户网站借此上市后，获得资金就要很快拓宽业务范围，比如加入电子邮箱、搜索引擎、新闻、论坛、博客等很多内容，以吸引用户长期使用。用户频繁打开的门户网站，也就会吸引商业广告并获取收益。目前门户网站已过繁荣期，雅虎已很少有人关注。门户网站雅虎和搜狐的标识如图9-29所示。

| (a) 谷歌 | (b) 百度 | (a) 雅虎 | (b) 搜狐 |

图9-28　搜索引擎网站的标识　　　　　　图9-29　门户网站的标识

（3）网络论坛与博客

　　网络论坛（BBS）在浏览器出现之前就已存在，一般集中于某些专业领域，并根据爱好分类，是许多用户进行技术交流和信息分享的场所，但字符界面用起来并不方便。有了万维网后，论坛内容更丰富也更易使用，也曾经出现过一段繁荣期，国内摄影、计算机等领域的论坛一度比较活跃，有的论坛还提供数据和程序下载功能。

　　博客（blog）就是网络日记，可以把自己的生活感受、个人经历等内容发表出来与他人分享，用户还可以通过关注来结交兴趣爱好相同的朋友，真正做到朋友遍天下，其中贴图功能最受人欢迎。

　　不过，论坛和博客虽然可以聚拢人气，但对网站难以带来实际收益，而为了保存大量的文字、图片等内容要花钱建立或租用服务器，成为"鸡肋"。最终权衡之下，很多网站都放弃了这些内容，当然也就导致网站浏览量的大幅下滑。

(a) 推特

（4）社交网站

　　人是一种社会性动物，总是需要社交，网络就提供了一种很好的远距离社交的方法，全世界的人都可以通过网络找到志同道合的网友。在国外，比较流行的是Twitter（推特，现改为X）、Facebook（脸书）等，国内也有微博等网站。社交网站推特和微博的标识如图9-30所示。

(b) 微博

（5）视频网站

　　随着网速的提升，视频内容受到喜爱，不仅之前的社交

图9-30　社交网站的标识

网站纷纷支持视频内容，还出现了专注视频内容分享的网站，比如国外的YouTube、Dailymotion，国内则有哔哩哔哩、爱奇艺、优酷等。这些视频网站的内容都可以在电脑上观看，并可以上传比较长的视频。视频网站YouTube和哔哩哔哩的标识如图9-31所示。

视频内容更加占用存储空间，而且为了获得一些高质量的视频内容往往要付版权费，运营费比较高，更需要商业收益来支撑，国外已有收费的视频网站，限于国内的人均收入水平，付费观看视频的接受度还不是很高，但也开始起步。

电视媒体或影视公司，自身拥有比较多的资源，包括专业团队，可以制作出高质量的视频内容，一些视频网站就是它们建立的，比如国外的Disney+、Discovery Channel等，国内主要是央视网、芒果TV等。

（6）商务网站与企业网站

商务网站就是网上的交易平台，通过网络出售商品。国外有著名的亚马逊（Amazon），国内的这类网站比较多，如京东、天猫、淘宝、苏宁易购、拼多多，还有一些专注某个领域的网上商城，如电子元件、建材等方面的。商务网站京东和淘宝的标识如图9-32所示。

(a) You Tube　　　　　(b) 哔哩哔哩　　　　　(a) 京东　　　　(b) 淘宝

图9-31　视频网站的标识　　　　图9-32　商务网站的标识

较大的企业一般都会建自己的网站，用来展示自己的产品及服务，一般都有非常详细的资料，一些内容还可以下载。

6.怎样建立网站

网络是便捷的传播和获取信息的手段，很多企业都希望借助网络来宣传企业的产品和技术能力，也希望以此扩大营收。已有一些商务网站提供了企业的应用平台，但这种是有固定模式的，受限比较多，只适合一些产品和技术不多的小企业，大中型企业还是需要自建网站。

（1）服务器及联网

要建立一个网站，首先需要一台网站服务器，网站上的所有内容都要存储在这台服务器中，而且一般情况下都要24小时开机运行并联网，这样使用浏览器才能随时查看上面的内容。

网站服务器要有能力应对大量的外部数据请求，在很多用户访问网站时才不会拥塞而无法打开网页，甚至崩溃，也要有比较大的存储器，网站的内容及支持软件可以存放其中，一般内存也不会太小。专用服务器价格较高，也有人希望使用个人计算机作为服务器来使用，但作为网站服务器一般要一直开机，对长期可靠运行有一定要求，并要频繁进行磁盘读写，但对显示能力要求不高。

有了服务器硬件，还需要配置相应软件。网站服务器目前主要是 Windows 和 Linux 两种操作系统：Linux 平台构建网站服务器的软件一般都是开源免费的，如 Apache 或 Nginx，一般要安装数据库软件，MySQL 最为流行，其他还有 PostgreSQL 等，也要有网站后端编程的支持软件，Linux 平台上一般使用 PHP、Python、Java 等编程语言，还需要网站的管理、维护、备份及安全等方面的工具软件；Windows 平台经常使用 Asp.Net 搭建服务器，数据库可使用微软公司的 SQL Server，也需要后端编程语言的支持软件。如果服务器要提供企业邮箱等其他网络应用，也需要相应软件的支持。总体来说，Linux 平台搭建网站的软件成本较低，而 Windows 平台上可能需要一些付费软件，成本要高一些，当然 Windows 平台上也有一些开源软件可以采用。

为了避免硬盘损坏或其他原因造成服务器数据的丢失，一般都要有备份服务器，一些商务网站会有多个服务器形成分布式网络，由软件实现几个服务器间的数据备份及刷新。不过对一般网站，考虑成本只会每天固定时间进行人工备份；如果单纯用于展示，只留一份网站内容的备份文件就足够了。

所谓网络服务器，就是这台服务器要有一个固定的 IP 地址，能直接连接外网，通信运营商一般都会提供这样的网络专线供租用。访问量比较大的网站要有足够的带宽，服务器也需要配备相应的通信接口，并有对应的软件支持。

不过自己搭建企业服务器比较麻烦，需要租用通信线路、购买服务器硬件、安装需要的软件，还需要雇佣技术人员进行日常管理维护等。已有一些云服务器运营商，提供服务器的租赁服务，根据提供的网站接入能力、存储空间大小等有不同的价位，一般年租金从千元左右到数千以上。这种服务器提供商有很多，性能价位也有差异。

还有一种廉价的虚拟空间建站方式，就是让多个用户共享一台服务器。通过软件把一台服务器分为多个互相隔离的存储空间，每个空间具有一个独立的映射 IP 地址，使每个用户看上去像拥有一台独立的网站服务器。因为多个用户共享一台实际服务器，分摊费用，建站成本就大幅降低。根据存储空间容量及接入能力等方面的不同，虚拟空间方式每年的租用费在几十到几百元之间，适合个人用户及中小企业网站的使用。

（2）网址申请及解析

网站为了方便使用，一般都有一个域名。国内的网站域名，可以使用以.com等为顶级域名的三段域名体系，也可以使用以.cn为顶级域名的三段或四段域名体系。还有其他几十个顶级域名可供选择，包括中文的顶级域名。

域名系统由IANA（Internet Assigned Numbers Authority，互联网号码分配局）管理，目前实际上是由负责协调的ICANN（Internet Corporation for Assigned Names and Numbers，互联网名称与数字地址分配机构）掌管，而.cn域名则由中国互联网络信息中心（China Internet Network Information Center，CNNIC）管理。

不过，直接向这些管理机构申请域名比较烦琐，一般都是通过代理机构申请。云服务器提供商等商业公司，已经经过了ICANN和CNNIC的认证，通过它们申请域名比较快也比较简单，一般一个域名的年费还不到百元。如果申请的域名未被使用，很快就能申请成功。很多代理机构也提供了域名查询功能，可以查到想申请的域名是否已被使用。

有了域名之后，还需要一个域名解析，也就是把域名与网站的IP地址对应起来，提交给域名解析服务器，这样就可以通过域名来浏览网站了。云服务器提供商一般也会提供这个服务。

但对于以.cn为顶级域名的网站，以及服务器在国内的其他顶级域名的网站，都需要一个备案的过程。一般的云服务器提供商都会提供一个"网站信息真实性核验单"，下载打印出来后手工填写，还要再用扫描或拍照方式转为合适的格式并上传ICP备案网站。网站备案分为个人和企业两种，需要提供相应的证件及资料，等待一周及以上的时间进行审核。核验通过的信息会用手机短信方式下发，然后才能进行域名解析。

（3）编写网站内容

完成上面的过程，虽然有了一个网站，但网站还需要内容进行展示。网站内容可以聘用专业网页编程人员编写，或者外包，有特定功能的网站也可以使用现成的网站模板，有些云服务器提供商就有一些模板可供选用。

网站其实是由一个个网页组成的，其中有一个主页，在浏览器地址栏中输入网站的域名就会在浏览器中显示这个主页。一个网站中的所有网页，要通过超链接方式相互引用，以形成一个文件网，并最终连接到主页上，这样其中的每个文件才能通过一个个超链接获得点击显示的机会，孤立的文件是不可能有机会显示的。

网页分为静态网页和动态网页两种。静态网页，就是以.html或.htm为后缀的文件，其中的代码都是由HTML+CSS+JavaScript组成。随着技术的发展，这种网页也能实现动态的内容，比如动画，甚至游戏，但这是在浏览器中实现的，网站向浏览器传送的代码是固定不变的。

动态网页则不同，其中包含有后端编程语言代码。代码先在服务器上运行，然后才能产生对应的HTML+CSS+JavaScript代码并传送到浏览器上。每次打开动态网页，或不同的用户打开同一个动态网页，得到的代码都有可能不同。动态网页因服务器支持的后端编程语言不同，网页文件后缀也就不同，如PHP网页使用.php为后缀，Python网页使用.py为后缀，等等。

网站一般还需要使用数据库，便于存储一些有相互关系的数据，如企业的产品及对应参数、售卖的货物及对应的价格等。当然，也有一些网站使用文件方式存储这些信息。

网站中除了网页，一般还有一些文本文件、图片文件等，有的可能还有音频、视频，这些内容都需要使用相应标记链接到某个网页中，当点击对应网页时就会根据标记中的链接自动加载这些内容。

网站在设计时，所有网页一般要有比较统一的风格，比如有相同或相似的页头、页脚、页面布局及配色等，只是页面主体内容有差别。

建立网站，一般要在本地计算机上搭建一个虚拟的网站服务器，所编写的网页都存放在这个虚拟服务器中，先通过浏览器查看虚拟服务器上各个网页的显示效果，达到预期才会使用FTP等方式上传到网络上的实际服务器中。在本地计算机上搭建虚拟服务器，可以使用Linux+Apache/Nginx+MySQL+PHP的方式，不过需要安装多个软件，比较烦琐，现在已有将搭建网站所需要的基础软件合成一个软件包的方案，如Windows平台的xampp、wampserver、wamp64等，可以从网上免费下载安装。如果不采用PHP为后端语言，而采用其他编程语言，就要根据相关资料按需要安装相应的支持软件。

当然，要设计一个网站，还有许多要学习的内容和注意的地方，短的要几个月，长的可能要几年。技术在不断发展，网站也不可能一劳永逸，要不断学习、不断充实内容，给浏览者更好的感受。

对个人来说，亲手设计一个网站，是学习网络编程技术的最好方式，在这个过程中可以学到很多教科书中没有介绍的技能。

10

第十章

智能设备

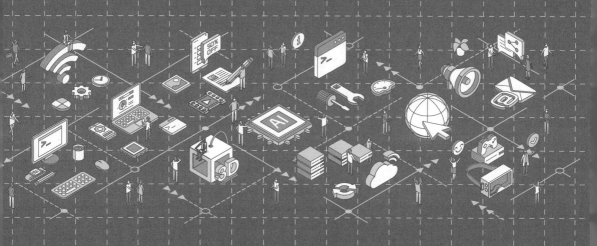

一、控制的智能化

日常生活和工业方面，早期大量使用机电零部件进行控制，如温度开关、限位开关、温控继电器、延时继电器等。随着半导体技术的发展，出现了物美价廉的CPU、MCU，很多电器已经采用这些芯片作为控制核心。

1. 专用的智能设备

洗衣机是常用的家用电器，可以大大降低人的劳动强度。目前的全自动洗衣机是通过在早期使用旋钮的洗衣机中加入MCU实现的，控制框图见图10-1。

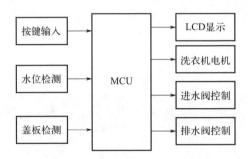

图10-1　全自动洗衣机的控制框图

全自动洗衣机的进水和排水都使用电磁阀，可通过电信号控制阀门的打开和关闭。洗衣是通过电机转动实现的，电机可以正转和倒转，也由电信号控制。这些是主要的输出信号，另外可能有LCD显示运行时间等信息，这也是输出信号。

自动洗衣机会有水位检测功能，可以用来控制上水和排水，还会有盖板的检测，一般在盖板盖上后才能运行，保证安全。洗衣机上还有按键，可以选择洗衣强度等，或有其他一些设置功能。这些都是输入信号。

自动洗衣机的控制核心是MCU，其中包括了CPU和存储器，这种控制功能并不复杂，一般的MCU已经可以实现。这个小的控制系统，有CPU、存储器、输入和输出，具有计算机的基本结构，为了与通用的那些计算机相区别，一般称为智能设备。目前的空调、冰箱、电磁炉、电视机、机顶盒等家用电器都属于智能设备。

智能设备也是可编程的，需要技术人员为其编写专用程序才能正常工作。不过出厂后一般就固定下来了，除非发现有软件缺陷，或者需要性能升级，一般不会再编程。再次编程也比较麻烦，需要将PCB从外壳中取出，再使用设备把程序写入。也有一些智能设备具有联网功能，如机顶盒，可以通过网络实现软件升级。

专用智能设备即使系统不大，也需要有电路设计、元器件选型、PCB设计制作、焊接、软件编程、调试测试等很多步骤，还要有外壳等机械结构的设计及加工，最终组装起来才能成为产品。这个设计到生产的过程，短则几个月，长的可能需要数年时间。虽然每块CPU、MCU的价格并不高，但需要多方面的专业技术人员，或者由设计公司定制，开发的费用相对就会比较高。

专用智能设备的方式只适用于批量大的产品，批量大就可以分摊开发费用，降低每台的成本。

知识扩展

现在智能化的设备越来越多，不仅包括常用的家电，也包括大量的工业设备。智能设备的常见结构见图10-2。

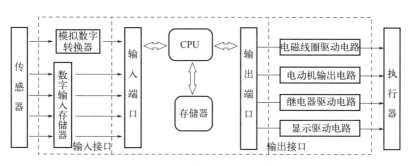

图10-2 智能设备的常见结构

智能设备的核心部分为CPU和存储器，还要有输入端口用于连接输入信号，有输出端口用于输出控制信号。

一般将能感受到外部信号并转换为对应电信号的零部件称为传感器（sensor），比如温度传感器就用于把环境温度转换为对应的电信号，其他还有湿度传感器、压力（压差）传感器、亮度传感器、振动传感器、速度传感器、图像传感器等。很多传感器输出的都是模拟的电信号，幅度是连续变化的，也有一些传感器（如限位开关、水位开关等）直接产生的就是数字信号。模拟传感器输出的信号需要经过模数转换（ADC）电路转为数字信号再接入输入端口，而数字信号一般就可以存储后直接连接输入端口。目前也有一些传感器，内部具有一些信号变换功能，一般称为变换器（transducer），内部加入ADC电路就能直接输出数字信号，但其输出的数字信号格式要与CPU的输入端口相配合才能正确读取。

通过电信号产生对应操作的一类装置统称为执行器，比如电磁阀可以用电信号打开或关闭阀门、继电器可以用电信号接通或关闭电路。早期的一些简单的执行器只能有两种控制状态，现在一些执行器已经可以产生更复杂的输出，比如控制阀门的开度、电机的运行速度等。另外，显示输出信号用于驱动显示屏。

对智能设备来说，就是通过获取到的传感器输入信号，经过CPU的判断、比较和运算，产生一些输出信号，去控制电磁阀、继电器、显示屏等，使阀门打开/关闭、电机运转/停止，同时产生指示和报警。

2. 使用通用模块的智能设备

专用智能设备设计周期比较长，开发过程比较复杂，有些功能的设计门槛又比较高，如声音识别、图像视频编解码、联网等。就出现一些比较通用的核心控制模块或者开发板，并有相应的软件，通过功能扩展就能成为实用的智能设备。

市场上的控制模块和开发板分几种类型，一种是通用的个人计算机的主板，通过外加电源、硬盘（固态硬盘）、按键和显示器，再接入智能设备需要的输入传感器和输出执行器，就能成为智能设备。这种组成方案，核心就是个人计算机，可以利用个人计算机已有的硬件、操作系统及软件开发平台，只需要设计或选用相应的输入和输出部件及接口，降低了整体设计的复杂度。这样组成的智能设备体积较大，成本也较高，只适合一些比较高端的智能设备，如智能仪器。目前提供这种主板的公司比较多，很多都是生产个人计算机主板的厂家。

目前平板电脑比较流行，特别是Android平台的平板，功能强且平台开放，就出现了使用Android平板电脑主板为核心的智能设备。但使用这种方案加入其他控制功能，不仅涉及硬件方面的改变，还要进行比较多的底层软件开发，门槛有所提高。也有使用微软公司Windows CE等平台的方案，开发难度也不低。

目前Windows、Android等平台的相关资料多，能进行相关开发的专业人员也容易寻找，但要能运行这些系统就会推高硬件成本，对很多智能设备来说也比较浪费资源。国外一些团队就推出了Arduino、Raspberry Pi（树莓派）这种开源的开发平台，还有Galileo、pcDuino等开发板，一些国内公司也有这类产品。这类开发板的CPU大多采用ARM核，运行Linux操作系统，功能比较多，体积较小，还常常带有无线网络模块，在其上进行二次开发就比较容易。以这些开发板为核心扩展功能，就不用从零开始做起，降低了智能设备的设计门槛。不过，这类开发板的硬件配置也比较好，从学习使用到进行开发也需要一定时间。

也有一些公司提供比较廉价的具有一定功能的核心模块，如包含CPU、DRAM和Flash存储器的PCB板，可以简化一些软硬件设计，但围绕这种模块实现总体功能也要学习很多知识。

> **知识扩展**
>
> 一些生产CPU、MCU的公司也提供开发板，并有相应的原理图和一些可以运行的软件。因为CPU、MCU的型号比较多，功能差别比较大，首先需要选择适当的型号。
>
> 这类开发板预设的功能较多，用来充分展示硬件性能的强大，对用户来说很多是冗余的，一般价格也不便宜。这种开发板可用于软件开发和调试，实际产品设计时大多是缩减结构，一般不会直接用作智能设备的核心部分。

3. 可编程控制器

对于一些应用场合，如生产线的控制，可能只有一条或很少几条生产线，而一些生产流程又可能会根据需要不断修改，一般就采用工业控制常用的一种专用计算机——可编程控制器（programmable logic controller，PLC），如图10-3所示。

可编程控制器是一种工业标准的设备，可以执行运算和控制等功能，结构框图见图10-4。

可编程控制器的核心是CPU，并有存储器和输入/输出接口，一般还有与外部

图10-3　可编程控制器

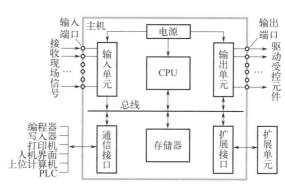

图10-4　可编程控制器框图

设备进行数据通信的接口，与计算机结构基本一致。但PLC内置有专用的输入单元和输出单元，符合规范的工业设备可以直连PLC，不需要定制某些零部件，使用就比较方便，是一种通用的智能设备。

更具特色的是，PLC有控制指令的输入界面，一般是使用逻辑图方式建立输入与输出的控制关系，还有定时功能，现场就能修改。目前一些性能较好的PLC，不仅能通过逻辑图实现基本的控制，还可以使用计算机上的编程软件实现更复杂的运算控制功能。

PLC于1969年出现在美国，开始用于汽车生产线的控制，后来逐渐推广开来，成为一种通用的工业控制设备。PLC运行稳定可靠，设计和更改控制流程容易，一些大型设备（如注塑机等）也常使用PLC。

二、智能手机

目前数量最多的智能设备是智能手机。它是从最初的只能打电话的移动电话发展而来的，集合了掌上电脑的功能，可以照相、录音、录视频、音视频播放、上网、玩游戏等，就是一台手持的可拨打电话的计算机。

1. 掌上电脑

PDA（personal digital assistant，个人数字助理）是目前智能手机的雏形，当然当初并不能打电话。PDA体积小巧，功能通常包括记事本、通讯录、日程表、计算器、字典词典等，当然也有小游戏提供消遣，一般可以手写输入或有软键盘输入。

在PDA发展过程中，杰夫·霍金斯（Jeff Hawkins）创建的Palm公司起到了很重要的作用。Palm公司成立于1992年，最初的目标是设计用笔输入的随身电脑，不过开始推出的产品市场反应不佳。经过市场调研，了解到大部分的潜在用户都有台式电脑，需要的是一个可以与电脑互传文件又能随身携带的"电子本"。1994年，Palm公司推出Pilot，只有日程管理、电话簿、待办管理、记事本等简单功能，售价不到300美元，使用两节电池就可以工作。Pilot在1年半的时间内就卖出了100万台，取得了市场上的成功。后来Palm公司陆续推出多款PDA产品，占据了PDA市场的主要份额，Palm公司也从一家不知名的小公司迅速成长为这个市场的龙头老大。

Palm公司标识与PDA产品如图10-5所示。

最初的PDA是一个小众的市场，使用的CPU性能比较低，采用单色LCD显示，功能也就比较少。随着市场规模逐渐扩大，不断有公司进入这个行业，甚至苹果、微软等大公司都参与竞争，逐渐采用性能更强的CPU，可以提供查看照片、录制和播放声音、观看视频等功能，有的还

(a) Palm公司标识　　(b) PDA产品

图10-5　Palm公司标识与PDA产品

加入了摄像头、蓝牙模块、Wi-Fi模块，被称为掌上电脑，这已经很像智能手机了。

现在PDA还在一些工业领域使用，如条码扫描、RFID读写、POS机等。

知识扩展

Palm公司的PDA采用的是Palm OS操作系统，系统是开放的，吸引很多人为其开发应用程序，运行在Palm OS之上的共享软件和免费软件曾超过1万种。

1996年，微软公司推出Windows CE（Windows Embedded Compact）专用于掌上电脑的操作系统，是简化的Windows95，拥有与Windows类似的图形界面，多媒体功能强大，但需要较多的内存才能运行，耗电也比较大。微软公司具有行业的影响力，很多大企业都推出过使用Windows CE及后续版本的一些产品，但市场份额一直都不高。

2. 智能手机的出现

早在1994年，IBM公司就推出了Simon手机（如图10-6所示），集PDA和手机功能于一体，是第一款智能手机（smartphone）。Simon手机没有按键，依靠触摸屏操作，当时的屏幕分辨率比较低，只有160×293像素，并且是黑白的，功能有限，市场反应一般。

1998年，一直在做PDA及其操作系统的Psion Software公司，联合爱立信（Ericsson）、诺基亚（Nokia）、Motorola等厂商，合作成立了Symbian（塞班）公司。2000年，爱立信首先推出使用Symbian系统的R380手机，可以上网并能手写识别，此后诺基亚推出的几款Symbian系统手机让用户眼前一亮，发现手机也可以有如此多样的功能。到2006年，使用Symbian系统的手机已经卖出1亿台，2008

年Symbian系统被诺基亚收购。不过此后，很多手机厂商退出Symbian系统，转向其他系统。到了2013年，诺基亚转向微软的操作系统，Symbian系统最终消亡。Symbian系统从起步到辉煌再到消亡只有十几年，技术的更新换代速度之快让人吃惊。Symbian系统手机如图10-7所示。

图10-6　IBM公司的Simon手机

图10-7　Symbian系统手机

2007年，回归苹果公司的乔布斯在推出受市场欢迎的音乐播放器iPod后转向智能手机领域，推出iPhone，它拥有200万像素摄像头、带触摸功能的320×480像素3.5英寸的TFT-LCD显示屏，使用自研的iOS操作系统。此后，iPhone基本每年出一款新机，每次都引发购买狂潮，引领着智能手机的发展。不过苹果手机像苹果电脑一样是封闭的系统，只提供开发工具供第三方开发应用软件，受限制比较多。早期的苹果手机如图10-8所示。

2003年，安迪·鲁宾（Andy Rubin）创办了Android公司，要设计一款对软件开发者开放的智能手机平台。2005年项目完成后，安迪·鲁宾为获得投资找到了谷歌公司。Android公司不久后被收购。2007年，谷歌公司展示了Android（安卓）系统，并建立开放手持设备联盟（Open Handset Alliance，OHA）。同时第一款搭载Android系统的手机T-Mobile G1（如图10-9所示）发布，是由台湾HTC公司制造，也被称为HTC Dream，其中包含了聊

图10-8　早期的苹果手机

图10-9　T-Mobile G1手机

天软件、电子邮件、视频播放、音乐播放、浏览器、电子地图等功能。到2009年，T-Mobile G1已售出100万台。

谷歌公司建立的开放手持设备联盟包括了芯片公司、手机制造商、电信运营商、软件开发商和商业公司，最初有30多家，后来又有其他公司加入，成为由60多家公司组成的庞大组织。有了安迪·鲁宾等人的技术能力，也有谷歌公司雄厚的资金支持，再加上很广的"朋友圈"，Android系统一路高歌，三年后市场份额就超过Symbian系统，迅速占有大部分的智能手机市场。

此后的竞争主要在系统封闭的苹果iPhone和开放的Android系统之间进行。iPhone手机一枝独秀，引领着智能手机的发展方向，但也价格较高。使用Android操作系统的手机品牌多，有不同的性能和价格档次，选择空间大，更适合普通用户。

知识扩展

1998年，Palm公司的创始人杰夫·霍金斯与唐娜·杜宾斯基（Donna Dubinsky）离开Palm创立了HandSpring公司。2000年，由于PDA市场竞争激烈，杰夫·霍金斯转向手机市场，推出Treo智能手机。后来HandSpring公司出现经营问题，只能被Palm公司收购，不过Treo智能手机保留了下来。

Palm公司从PDA时期就采用了Motorola公司的DragonBall（龙珠）处理器，低耗电低成本是打开市场的优势，但对多媒体和GPS、Wi-Fi的支持能力较差，只适合低端的PDA及早期的智能手机。随着智能手机快速向高端发展，Palm公司及Palm OS就有些跟不上步伐。后来Palm公司改用微软公司推出的Windows Mobile系统，还一度推出WebOS，不过在日益激烈的智能手机市场竞争中还是难以生存，目前已难觅踪迹。Palm公司的智能手机如图10-10所示。

图10-10　Palm公司的智能手机

加拿大RIM（Research in Motion，移动研究）公司早期的设备是通过无线方式访问电子邮件的PDA，不具有通话功能。2003年，RIM公司推出的BlackBerry（黑莓）6230已有了通话功能，继而发布多款产品，其中7230已经使用彩色屏幕。2007年，BlackBerry

8310上市，具有电子邮件、互联网传真、网页浏览、GPS导航等多项功能，并有200万像素摄像头，处理器为Marvell PXA272。RIM公司后续推出的多款智能手机曾在美国、加拿大市场广受欢迎，不过从2012年

图10-11　黑莓BlackBerry手机

开始亏损，最终淡出市场。黑莓BlackBerry手机如图10-11所示。

　　曾经在早期手机市场中独领风骚的Motorola公司，在智能手机时代也曾推出过多款机型并大卖。但擅长于无线电技术的Motorola公司在此后激烈的操作系统和应用软件的竞争中没有跟上市场节奏，逐渐落伍。

技 术 说 明

　　智能手机的快速发展，根本上来说是电子器件的进步带来的，比较直观的是显示屏。

　　液态晶体（liquid crystal）在19世纪就已被发现。这类物质在熔融或溶解后，成为易流动的液体，但却保留着分子的有序排列，处于晶体和液体的中间态，就被称为液态晶体，简称液晶。1961年，美国RCA公司的乔治·哈里·海尔迈尔（George Harry Heilmeier）发现了液晶分子在外加电压下会改变排列而让射入的光线产生偏转的现象，由此出现了动态散射液晶屏（dynamic scattering-liquid crystal display，DS-LCD）。

　　1971年，瑞士人马丁·沙特（Martin Schadt）和彼得·布罗迪（Peter Brody）发布了向列型液晶的扭曲效应。1973年，日本夏普（Sharp）公司开发出扭曲向列型液晶显示屏（twisted nematic-LCD，TN-LCD），如图10-12（a）所示，配合驱动芯片就能用于一些简单的显示，常用于计算器、遥控器及一些家电中，现在还能见到。TN-LCD只能显示单色，适用于简单的显示，显示的段太多对比度就会下降。

　　1984年，出现了STN-LCD（super twisted nematic-LCD，超扭曲向

列型液晶显示屏），能进行单色的点阵显示，可用于PDA、手机等方面，配合三色滤光片就形成彩色的CSTN-LCD（color STN-LCD）。不过CSTN能显示的色彩较窄，常常会有一种色彩不正常的感觉，而且反应速度有点慢。早期的彩屏手机曾用CSTN-LCD，现在还用于一些低端产品的彩色显示中。

　　目前流行的彩色LCD是TFT-LCD（thin film transistor-LCD，薄膜晶体管液晶显示屏），如图10-12（b）所示，这种显示屏的每个像素都有薄膜晶体管构成的半导体开关，可以直接进行控制。因为LCD是不发光的，早期的TN-LCD依赖环境反射光，彩色LCD则要使用背光，以前是使用白色灯管为背光源，目前大多改用白色LED。

(a) TN-LCD　　　　(b) TFT-LCD

图10-12　两种LCD显示屏

　　LCD技术源于欧美，不过最初推向应用的是日本公司，不仅有显示屏，还有驱动显示的芯片，形成比较完整的产业链。很长一段时间内，日本都是平面显示技术的引领者，后来韩国及中国台湾的显示技术也逐渐跟上。中国台湾比较著名的LCD面板厂商有友达（AUO）、奇美、群创等大公司，还有很多中小面板公司。中国大陆的LCD面板制造商现在有京东方、华星光电等，较小的厂商数量也不少。

　　后来又出现OLED（organic light emitting display，有机发光显示屏）技术，采用非常薄的能发光的有机材料涂层和玻璃基板，当有电流通过时就会发出彩色的光。OLED可以自发光，不需要背光，对比度更高，也更省电，非常适合手持设备，目前很多手机的显示都转向使用OLED。OLED技术最初主要来自日本公司，现在中国也已引进生产。

　　现在还有多种显示技术在研究中，不过尚未获得市场的普遍认可，或者将来会有新的显示技术异军突起，替代TFT-LCD和OLED成为主流的显示方式。

3. 智能手机的结构

　　计算机，由CPU、存储器和输入/输出设备组成，智能手机也是一种计算机，总体上也是这样的组成结构。图10-13就是智能手机的简单结构框图。图10-14是智能手机的主板。

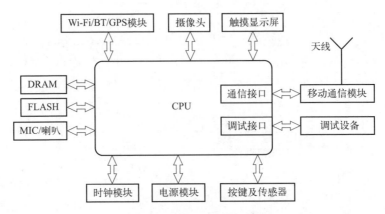

图10-13　智能手机的结构框图

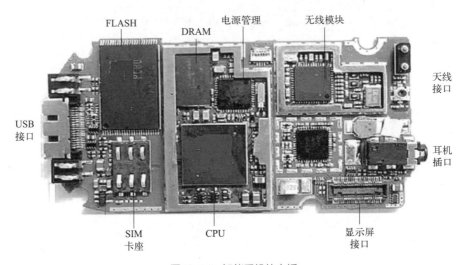

图10-14　智能手机的主板

（1）CPU与存储器

智能手机的核心是CPU，目前主流的智能手机都采用ARM公司的Cortex-A系列多核CPU，高通（Qualcomm）公司是最主要的厂商，中国台湾的联发科（MediaTek）也有几款性能不错。这些CPU都是向多家手机制造商供货，有不少公开的资料，而苹果等厂商的手机采用自家研制的CPU，相关资料就比较少。

手机的存储器主要是Flash和DRAM，其中：DRAM为程序运行的存储器，也被称为运存，目前大部分智能手机的DRAM已在4兆字节以上容量；Flash是存放手机操作系统和App应用程序的存储器，关机掉电后也会一直保存数据。手机中的这两种存储器都是半导体存储器，体积比较小，而随着半导体技术的发展，存储器的容量则变得越来越大。

为使手机的体积更小，目前的手机大都采用CPU与存储器等叠合之后封装的方式，称为SoC，把几块芯片合为一体减小了占用PCB的面积。

（2）显示屏与按键

智能手机主要以LCD/OLED为主要输出设备，并有触摸屏，用于输入，上面可以使用软件方式显示键盘（软键盘），用于输入字符数字等，一般也留有几个机械按键，如开关机、音量调节等按键。过去的类似游戏机上的多向导航按键已经基本看不到了。

（3）声音输入输出和图像输入

智能手机的重要功能是通话，就必须有声音的输入/输出，输入是麦克风，输出为耳机和喇叭。当然其他一些功能也会使用麦克风和喇叭，如录音机、播放器等。

摄像头为图像的输入设备，目前的智能手机一般都有两个摄像头，一个在前面用于自拍，一个在后面是主摄像头，当然也有设置更多摄像头的手机，目的是提高主摄像头的总体性能。

（4）无线模块与天线

目前的手机大都带有GPS模块、蓝牙模块、Wi-Fi模块和移动通信模块，其中Wi-Fi、蓝牙和移动通信模块是数据输入/输出的双向通道，而GPS定位模块主要是数据输入，也有的具有输出数据的能力，如北斗的短报文。

这些无线模块要与外界通信都需要天线，手机中会有多个天线，有些设计得比较好，可以将多种频率的天线做成一体，占用的空间就比较小。

有些手机有NFC（near field communication，近距离无线通信）模块，也是数据双向通道，并需要天线才能工作。

（5）时钟

像计算机的CPU要有统一的时钟，手机的CPU也有时钟，时钟是一种输入信号。时钟一般有两个，一个提供CPU运行的统一节拍，另一个则用于提供时间基准，手机的日期、时间、闹钟等功能都需要时间基准。

（6）电池与充电

手机工作的主电源是电池，目前主要使用的是锂电池。这种电池的能量密度比较高，也就是同样体积重量的电池，锂电池的容量较大，能使手机工作更长时间。不过，随着技术的发展，也有可能有性能更好的电池。

电池充电大部分都采用USB口的5伏电源线来提供，为了加快充电速度，目前都使用1安以上的大电流，也就是快充。

（7）其他部分

无论生产还是检修，都需要外接设备连接手机，能下载软件并获取手机的运行数据。手机也就预留了的调试口，这也是输入/输出双向口。

手机还有SIM卡（subscriber identity module，客户识别模块卡），这其实是一种存储器，其中存储了手机用户的信息，还有加密的密钥等，由移动运营商写入数据装入手机中才能连接移动通信网使用。

技术说明

手机的CPU是智能手机的核心，其性能对手机的性能起着至关重要的作用。像2002年Palm公司推出的智能手机，使用与PDA一样的Motorola公司的DragonBall CPU，主频只有33兆赫，耗电小成本低，但性能有限，只能支持比较简单的应用。

2003年诺基亚公司推出的6600手机，CPU为ARM9，主频104兆赫兹，内存6兆字节。2006年黑莓Pearl 8100手机，使用Marvell Xscale PXA272 CPU，内核为ARM9，主频312兆赫，内存64兆字节。

到2007年，诺基亚公司推出的E90手机，CPU使用OMAP2420，其中包括一个330兆赫的ARM11和一个DSP，是双核，内存150兆字节。同年第一款搭载Android系统的HTC Dream手机使用高通公司的MSM7201A CPU，是ARM11+ARM9双核架构，主频528兆赫，内存200兆字节。

从上面这些数据就能大致看出智能手机CPU的性能在逐步提高，智能手机的性能也就越来越强。目前的智能手机CPU，像高通的Snapdragon（骁龙）系列CPU，从2017年开始已经使用八核，主频在2～3吉赫。联发科的Dimensity（天玑）系列CPU，现在也是八核。智能手机的复杂功能，大部分都要依靠CPU来实现。

4. 智能手机的运行

智能手机本质上是一种手持的计算机，但因为存储器和输入、输出方式的不同，也就有自己的一些特色。

（1）开机启动

智能手机的操作系统及应用程序App都是存放在Flash存储器中的，开机后会把操作系统从Flash存储器读取到DRAM中，然后开始运行。现在的操作系统功能越来越强，程序量也就越来越大，启动过程就比较耗时，需要等待较长的时间。

手机启动成功后，一部分操作系统程序会驻留DRAM中，并会显示一个人机界面，等待用户的指令。

（2）App的安装及权限设置

手机中的应用程序一般称为App，这是英文application（应用程序）的缩写。手机的App软件比较多，特别是Android系统，因为是开放的。打开手机中的"应用商店"会有各种各样的App提供下载，很多都是免费的。当然，也可以使用USB接口将App程序装入手机，App安装前在Android系统中是后缀为apk的压缩文件。为了避免恶意代码损坏手机，下载App要选择正规的应用商店，比如手机自带的应用商店，不要随意安装不知来源的App。从其他渠道下载安装App，如浏览器等，一般都会出现窗口要求确认。苹果手机因为系统封闭，就只能从其应用商店下载App。

下载安装App时，一般会显示这款App需要给予的权限。权限有很多，比较重要的是占用内存、自动打开和关闭网络、使用麦克风、使用摄像头、使用GPS、使用移动网络、查看手机通讯录等。如果允许占用内存，App就会在手机的共享存储空间中建一个专用文件夹，把一些必要文件存入其中。

如果不想让一些App使用一些功能，如摄像头、GPS等，可以在手机的设置中检查每个App，将其中的一些权限取消。不过一些权限被取消，App的部分功能可能就无法使用了，甚至App完全不能使用。

（3）App的运行

App下载安装成功后，会在界面上出现一个对应的图标，实际的程序是存放在Flash存储器中的。点击App图标，系统会把App程序从Flash存储器读入内存DRAM中，然后运行，比较大的App程序就需要较长的时间才能打开。

手机窗口比较小，一般不会像电脑上那样同时显示多个窗口，正在运行的App会显示窗口，而其他的App就成为后台程序。如果打开的App比较多，而内存空间紧张，系统就会把前面打开的一些App退出运行。

Android系统还会有锁屏保留的选择。如果一种App被选择锁屏保留，在屏幕关闭后仍然保存在内存中，而没有选择的那些App，就会在屏幕关闭一定时间后由系统自动从内存中清除，需要再次运行时就要手动再打开。

手机还有开机启动设置，设置开机启动的App，开机并在系统软件启动完成后，会自动打开这款App并在后台运行，想使用时就能迅速出现界面，不用等待。不过这种开机自动运行的App会一直占用内存空间，一般不建议使用这种方式，除非手机内存比较大。

（4）电池管理

手机平时是使用电池工作的，就有很多能减少电池电量消耗的设置。比如显示屏就比较耗电，一般就会有自动关闭时间的设置，长时间没有操作，屏幕就会自动关闭，这是操作系统在管理。也有一些应用程序可以不需要显示界面，比如音乐播放器、收音机等，在屏幕关闭下还在后台运行，并不会停止。

一些手机还有省电模式，打开省电模式后，一些比较耗电的应用就会随之关闭，比如移动网络的连接、GPS的使用等。有些手机还可以设置定时开闭省电模式，在这个时段就自动进入省电模式，如睡眠期间，几个小时都极少耗电。

（5）免打扰设置

智能手机一般还可以设置免打扰的时间段，这个时间内呼入的电话就不会响铃，比如把免打扰设在半夜休息时间，就不会有电话干扰睡眠。

手机还常有黑名单、白名单功能，把某个电话号码加入黑名单，以后这个号码的来电就不会被接听。也可以设为使用白名单，此时只有白名单中列入的电话才会响铃。

（6）手机安全

手机是贴身使用的个人设备，会保存比较多的个人信息，被人拿走会带来很多风险，特别是一些网购支付平台会保存账号和密码等，涉及资金安全。为了避免被盗用造成的损失，一般都要设置手机指纹、密码等保护，就算拿到手机也无法打开使用，虽然有些盗用者可以刷机，即重装系统。刷机可以让手机跳过指纹、密码等保护措施，但手机以前保存的各种信息也丢失了，账号中的资金还是安全的。

像苹果手机，还可以通过网络跟踪手机的去向，至少开机后的经纬度是可以获取的，这会增加一些安全性。每台手机都有一个固定的设备识别码，无法修改，如果操作系统中也有相应的软件，就可以做到获取丢失手机的位置，甚至锁住手机使之无法使用。不过Android系统是开放的，难以保证每个版本、每家定制的系统都内置有这种跟踪软件，而苹果的系统是封闭的，一般人也难以清除跟踪软件。

5. 智能手机的联网

目前，多数智能手机的App都需要联网工作，不需要网络的应用越来越少。手机通过网络可以获得大量的信息，并能看到各种丰富的内容，这也是智能手机广受欢迎的一个重要原因。

（1）移动流量费

手机的移动通信模块是通过移动运营商的设备连接到移动通信网的，移动运营商会根据通过的数据量来收费，即流量费。如果App安装时要求使用移动网络权限，就说明这款App需要使用移动通信网。

手机月租中会有数吉字节的基础流量可以使用，如果不看视频、不经常视频通话，一般情况下是够用的。如果经常要上网、看视频，月租的基础流量基本就不够了，需要另外购买流量，而移动通信网的流量费还是比较高的。为了避免一些不经意的手机流量消耗，在经常有Wi-Fi的环境中，可以将一些App的移动网络权限关闭，只有在Wi-Fi的环境中才能使用。也有的手机可以设置非Wi-Fi环境不升级App。

多数手机的设置中，会有流量使用提醒功能，设定一定限额，到了这个限额就会出现提示。当然运营商一般也会有流量的短信提醒，不过可能会有一定延迟，收到短信时已经超过很多兆字节了。

（2）蓝牙与Wi-Fi

手机常用的联网方式还有蓝牙、Wi-Fi等。它们的标识如图10-15所示。蓝牙（bluetooth，BT）主要用于音频，最常见的是连接蓝牙耳机，新版本的也能与具有蓝牙功能的传感器等设备连接以获取外部数据，并能实现一些操控功能，比如使用自拍杆拍照。这种应用限于蓝牙设备组成的短距离的私有网络中，不能连接外网。

(a) 蓝牙标识

(b) Wi-Fi标识

图10-15 蓝牙与Wi-Fi标识

Wi-Fi是一种宽带无线网络，用于和宽带运营商的网络连接，能提供较高的数据传输率，用于上网、看视频等。如果家里装有宽带或在办公空间，一般都会有带Wi-Fi接入的路由器，设备连接后就可以使用。家庭宽带一般都是按月收费，不用也会收费。

（3）飞行模式

手机联网使用比较耗电，使用移动通信网时耗电更多。在外出没有可充电的地方时，为了避免耗电太快，可以使用飞行模式。

飞行模式就是关闭移动通信模块，避免手机发射出的比较强的无线信号干扰飞机上设备的运行，也可以用于减少耗电。即使不上网，移动通信模块也会一直等待接收信号，这样有电话或短信过来时才能随时收到。通信模块还会间隔一定时间就向外发射信号，告知附近的基站你所在的位置，这样当有电话或短信过来时才能把信息通过这个基站发给你。在距离基站距离比较远时，或者周边并没有基站，手机就会以较大的功率定时向外发送信号，努力与基站建立联系，耗电就比较多。如果乘车在无线信号不好的山区旅行，就会感觉到手机电量下降很快，这时使用飞行模式关闭移动通信模块，就能减小耗电，并且飞行模式并不会影响不需联网的 **App** 的运行。另外，**GPS**、蓝牙、**Wi-Fi** 模块也会增加耗电，不需要时也可以关闭，需要时再打开即可。

技术说明

Wi-Fi是一种无线局域网连接方式，对应的是IEEE 802.11标准。最初设定的是5.8GHz的802.11a和2.4GHz的802.11b标准，因为2.4GHz成本低实现容易，发展就比较迅速，大部分Wi-Fi设备都支持这个频段。2.4GHz频段还用于蓝牙等其他无线通信方式，用户较多，信号拥挤，随着5.8GHz技术的逐渐成熟，目前已逐渐转向使用5.8GHz频段。最早的802.11b标准支持的数据率只有11Mb/s，后来发展到54Mb/s的802.11g。

目前常用的Wi-Fi标准主要为802.11n和802.11ae，2.4GHz频段的速率提升到超过100Mb/s，5.8GHz频段可提升到1Gb/s。为应对其他技术带来的竞争，已有新的Wi-Fi技术标准推出，使通信速率再次提升，但部署使用还需要一定时间。

蓝牙技术是1997年爱立信公司提出的一种主要用于语音传输的无线通信标准，使用2.4GHz频段，提供数据率1Mb/s，用于点对点的无线互联。后来蓝牙标准经过了多次扩充，可以支持低速率的数据传输，用于构建无线传感器网络，或用于设备的无线操控。

Wi-Fi、蓝牙等使用的2.4GHz是ISM（industrial scientific medical，工业科学医疗）频段，这是国际通信联盟无线电通信局（ITU Radiocommunication Sector，ITU-R）规定的无线频段之一，可以不经授权使用，只要符合一定的限制条件（如发射功率、谐波功率等方面的指标）。常用的ISM频段还包括13.56MHz、433MHz、915MHz、5.8GHz、24GHz等，可用于微波炉、射频加热、无线遥控、无线车锁、射频识别、无线电定位等应用中，不过各个国家的规定有些差别。

6. 智能手机操作系统

经过十多年的激烈市场竞争，智能手机目前主要是 Android 和苹果的 iOS 两大操作系统。苹果公司的iOS只用于自己出产的手机中，而其他的智能手机大多属于Android系统。两大手机系统标识如图10-16所示。

(a) 苹果公司标识　　　　(b) Android系统标识

图10-16　手机系统的标识

苹果的iOS系统从乔布斯时期推出，逐渐发展，在很长时间内都引领着智能手机的技术进步，性能优良，很受用户喜爱。不过因苹果手机是按欧美等高收入国家人群的消费能力定价的，对于发展中国家的民众来说就有些偏高，不是人人都可以消费得起。

Android是谷歌公司建立的开放手持设备联盟的操作系统，以朋友圈的方式推广开来，目前占领大多数的手机市场，是智能手机的主流操作系统。生产Android操作系统手机的厂商非常多，虽然各有自己的一些特色，但为Android平台编写的App基本都能在每款Android手机上运行，没有本质差别。

Android系统因为开放，应用程序多，爱好编程的人通过使用开发软件也可以开发出自己需要的App。

7. 手机应用软件的编程

因为智能手机有两大操作系统，因此编程也就分为两种，一些为智能手机编写App的软件公司也常分为两个组，一个组专写iOS程序，另一个组则专写Android程序。虽然也有一些整合两种平台的方案，但一般只适合比较简单的应用，功能复杂的App的整合性能还不能让人满意。

（1）苹果手机编程

iOS编程，要从苹果公司网站下载编程软件——开发工具包（SDK）。SDK要在个人计算机上安装使用，还附带一个可以模拟运行的虚拟机，便于调试测试。编程完成的App想安装在苹果手机上试运行，要注册为会员并交费，这样才有权限安装在实际手机上。

苹果手机的App只能在苹果公司的应用商店下载，编写的App程序就必须上传苹果的应用商店由其审核。如果是付费使用的App，上传者可以自行定价，苹果应用商店提取收入的三成，其他收入归上传者。如果是免费的App，苹果公司只收会员费。

编写iOS应用程序，早期使用Object-C语言，这是一种面向对象的C语言，是对C语言的扩充，现在编写iOS程序大多使用苹果公司自研的Swift编程语言。虽然

Swift语言推出时间不长，但凭借苹果公司的影响力，它很快就成为受欢迎的编程语言之一，目前只限于编写苹果平台的应用程序。

（2）Android手机编程

Android应用程序编程，早期一般是使用Eclipse集成开发环境，这是一种通用的开放源代码的可扩展开发平台，加入Android插件就可以用于Android编程，编程语言使用Java。

后来谷歌公司提供了专用的Android Studio［标识如图10-17（a）所示］集成开发环境，可从相关网站免费下载安装。Android Studio软件比较大，而国内用户又比较多，国内一些网站就提供了下载网址。Android版本升级很快，要根据使用的版本下载相应的软件包，如果希望编写的App能在多个版本中使用，就需要下载比较多的软件包，在使用前要做很多前期准备。但即使如此，还经常会遇到版本兼容性问题。

(a) Android Studio标识

(b) Kotlin标识

图10-17　Android Studio开发平台和Kotlin编程语言

因为Java语言的相关版权被Oracle公司收购，谷歌公司多年前就开始部署把主要的编程语言改为Kotlin［标识如图10-17（b）所示］。随着Java的收费，很多中小公司会更快地使用Kotlin作为Android系统的编程语言，一些大型公司实力雄厚对于收费不敏感，还可能会使用Java很多年。

8. 手机的一些常用功能

手机的App很多，主要可以分为日历与时钟、计算器、天气预报、应用商店、录音机、音乐播放器、收音机、照相与相册、视频播放、电子地图、网上订票、购物与支付、即时通信、浏览器、手机管理、文字处理、游戏等。

（1）应用商店

手机的App一般都是从应用商店下载使用，手机的应用商店与手机厂商有关。比较大的手机制造商都有自建的或合作的手机App应用商店，可以从中搜索及下载需要的App，也能提供已安装App的升级。这种应用商店中的App来源都比较有保证，就算有问题也能找到责任方。

Android系统比较开放，虽然应用软件的种类多，但也良莠不齐。

（2）手机管理

智能手机是一个很复杂的系统，需要有相关软件进行管理，比如可以安装或卸载一些App、清除一些App占用的存储空间、查杀病毒、手机呼入的黑名单和白名单、设置允许使用移动网络的App等，多卡手机还能选择使用哪个卡上网。

手机制造商一般会内置管理软件，这与手机深层的软硬件密切相关。因为Android系统的开放，也有一些外来的管理软件，不过在一些手机上可能会受到系统限制，也可能会使系统运行变慢。

（3）日期时间和闹钟功能

一般来说，日历和时钟都是操作系统自带的功能，是系统底层时间基准累加器的外在呈现，只是呈现方式略有差别而已，功能相差不大。手机的时钟会有偏差，虽然不大，但日积月累也会有明显误差，目前都有通过网络获取日期时间的功能，能联网是手机的固有优势。

闹钟也是系统自带的常用功能，一般只包括一次性闹钟和每天定时闹钟两种，对一周固定工作时间的上班族来说，可以设置一周内的工作日与休息日，这种闹钟比较方便。但遇到节假日就会感到比较麻烦，而对倒班的人更是难以使用。

如果可以将日历与闹钟的功能结合起来就会比较好，通过日历设置工作日和休息日，工作日设置一两种闹钟，休息日设置另外的闹钟，再加上单次使用的闹钟，就更方便了，倒班的也能使用。闹钟是操作系统的内置功能，编写这种应用程序常常会受到操作系统的一些限制。

（4）计算器和天气预报

系统自带的计算器性能有限，一般只能做加减乘除运算，不像Windows系统那样有功能齐全的计算器。

天气预报App的数据其实是来自国家的气象机构，App软件只负责外观的呈现。

（5）音频应用

录音机和音乐播放器一般也是系统的自带功能，但不同手机平台上的界面会有一些差异。音频播放器通常可以支持多种格式，目前主要使用的是压缩比大的MP3格式，它可以占用较少的存储空间。系统自带的播放器可能功能不多，有些人喜欢去应用商店下载另外的播放器。

手机中的收音机一般都是调频收音机，使用耳机线作为天线，使用时需要接上有线耳机。调频收音机只能收到距离比较近的广播电台，较远的电台基本收不到，能收听的节目也就比较少。其他频段的收音机因为天线难以布设，手机中基本没有。

（6）摄像头与图像视频

摄像头目前是智能手机的标准配置，大多数是前后都有。为了使用摄像头，手机都有自带的照相和拍视频功能，并有相册便于查看手机中所有的照片和视频。不同厂家的手机，照相和拍视频功能还是有些差异的。

在短视频流行的时代，经常需要拍视频。现在拍视频大多会使用防抖云台，避免拍摄时的较快晃动使观赏者感觉不适。拍摄经验丰富的人，不用防抖云台也能控制住移动速度避免晃动，或者通过后期剪辑去掉晃动剧烈的部分。也有的手机具有软件防抖设计，能减轻晃动带来的不适。

手机拍摄更多用于人像，爱美之心人皆有之，照片的后期处理又不是人人都可以掌握的，自带美颜功能的拍照App就广受欢迎。美颜相机App不仅拍照可以美颜，拍视频同样可以，甚至很多视频直播软件都有实时美颜功能，也让更多的人在拍视频时更有自信。

目前，很多拍照片和视频的App软件，主打的就是照片的自动后处理，也就是根据需要自动调整照片，使照片看上去更悦目，比如让天空更蓝、让花卉更娇艳、让日出日落更漂亮等，一般称为相机滤镜。而且随着AI（artificial intelligence，人工智能）技术的快速发展，像阴天拍出晴天效果、夏天拍出秋天效果也是可以实现的，还能通过剪辑融合实现悬空特效、多人效果等。

（7）电子地图

过去到外地出差或旅行，都要购买当地的地图，经常外出的司机则要备一份地图册。自从有了手机电子地图，可以拿着手机走天下。在基础建设大发展的时代，电子地图更新更快。

电子地图其实是地理信息系统（geographic information system, GIS）数字化的结果，背后是地理数据的获取、收集、整理、分析、存储等，然后通过网络传输呈现给用户。电子地图要使用卫星定位系统，像最早美国推出的GPS（global positioning system，全球定位系统），中国也有北斗系统，其他一些国家也有类似功能的卫星网。GPS系统包括24颗卫星，还有很多地面设施，北斗系统据报道已经发射了50多颗卫星。

一般来说，收到4颗卫星的信号就能算出经纬度和高度等信息，据此就可以在电子地图上指示出当前的位置，再通过网络获取其他相关数据，就能把周边的道路、景点、公交、商业设施等情况显示出来，还可以叫网约车。不过，我国东部的人口比较多，地图用户也较多，数据的收集整理会更迅速准确，而西部一些地方，因为数据少，很多显示就可能没有那么准确详细。

（8）网络订票购物

过去购买火车票、飞机票，都要到售票厅或代售点购买，比较麻烦。现在手机购票就方便很多，特别是购买火车票的12306网站，购票很便捷。不过汽车票的购买，因为各种复杂因素，比如一些车次的临时性、不定时等，网络售票情况还不是很好，也有一些地方的汽车站已经可以通过网络购票了，主要是城区之间的班车，各地的发展情况不同。

网络购物从十多年前就开始流行起来，并带动起快递业的发展，特别是非本地产品，很多只能通过网络来购买。当然，购物就要付钱，支付是基础的设施。在互联网还没有向大众推开时，银行等金融机构已经建立起支付结算系统，也就是银联。后来在此基础上继续发展，一些购物网站等也加入，逐渐形成一个庞大的网络支付系统。现在不仅网购很容易付款，就是吃饭、乘公交等小额消费也可以通过二维码来支付，不再用携带很多零钱。

（9）社交软件

人是社会性的，生活需要社交，有了网络就更扩大了社交范围，才能真正做到"海内存知己，天涯若比邻"。无论哪个国家，社交App都是最受欢迎的应用之一，并有集聚效应，越是人多越容易吸引更多用户加入。社交App类，也各有侧重，有的更注重一对一，如即时通信这类，当然也有小群体通信，有的则是广播，少数人发布，通过网站推送让大量的人接收。在社交基础上，还会拓展业务，有的即时通信软件兼有支付功能，社交网站还可以卖货，并在持续发展中。

随着网速变快，短视频流行，视频和直播成为社交App的重要内容，并出现了专注短视频的网站，如抖音、快手等。这些网站主要是通过手机观看，很多用户没有宽带，而移动流量费又不便宜，开头过于缓慢的视频就会被划走，并不适合发布精雕细琢的视频内容，大多数视频只有几十秒，迅速吸引人眼球才能受到关注。

（10）手机浏览器

手机上也有浏览器，可以浏览网站页面。有的浏览器界面还提供分类导航功能，并嵌入搜索引擎便于查找感兴趣的信息，类似过去的门户网站。手机浏览器App众多，基本是电脑上有的浏览器都会有手机版。目前的很多网站也都会提供电脑和手机都适合观看的界面，方便手机用户使用。

（11）笔记本

手机一般都有笔记本，这是PDA时期就已经出现的功能，方便随时记录、备忘，有了手机很多人已经不再带笔。不过，可能这个应用被认为太简单，不被软件公司重视，并没有很好用的笔记本App，与电脑的数据交换一般不太方便。

为了与电脑上的一些字处理软件配合，手机也需要加入富文本、超文本处理的App，这样才能随时查看相关内容并修改，还能与电脑进行文件互传。

（12）其他应用

还有一些软件就未必是一般用户都会安装的，比较小众。比如可以进行视频剪辑的App，经常发视频的会用到这类软件。还有控制相机的App，新款的相机一般都有 Wi-Fi 及蓝牙，通过手机的 App 可以连接，实现照片传递、拍摄控制等功能。

使用者也可以根据自己的需要，编写一些 App，实现自己需要的功能，这在 Android 系统手机上比较方便。

知识扩展

受手机体积的限制，不能用大镜头，手机摄像头一般都是数码变焦，很少使用光学变焦，或光学变焦倍数比较小。光学变焦，是通过镜头内透镜组的光学特性实现的，而数码变焦则是通过剪裁图像及插值算法实现的。很多手机摄像头传感器的像素比较多，就是便于通过剪裁实现数码变焦，而使用多摄像头则方便实现分段变焦。虽然一些手机采用了新技术的摄像头，并有各种优化算法及数字滤镜，但手动调节的参数不多，图像传感器面积也较小，加上镜头的劣势，主要用于普通场景的拍摄，在一些特殊场景就能看出与专业摄影设备的差距。

早期的一些廉价手机，摄像头还没有对焦功能，一定距离之外才可以拍清楚。现在的手机摄像头大多都能对焦，手指触摸屏幕上某个点就能针对那个点调整曝光和对焦。对于有对焦功能的摄像头，为了保证拍摄效果，在拍之前最好触摸要对焦的点，这会使照片比较清楚，明暗效果也比较好，不然在比较杂乱的场景中会出现图像模糊的现象，也容易出现图像太暗或太亮的情况。有些性能比较好的手机相机还有专业模式，可以手动设置曝光补偿、白平衡等，甚至有些可以调整快门速度和光圈，要会使用这些功能就要了解一些摄影知识。

拍视频除了正常速度拍摄，往往也会有慢动作和延时摄影等方式。慢动作就是以常规速度几倍的速度拍摄，目前 2 倍比较多，这样以常规速度播放时就会感到动作放慢，在一些变化太快看不清过程的场景中很有用，并且慢动作视频常常有较好的观赏性。但慢动作视频会占用比较大的存储空间，有些软件会设置定时关闭，避免手机存储空间吃不消。也有一些手机的慢动作是以降低清晰度为代价的，画质会受影响。

延时摄影与之相反，就是以正常速度的几分之一拍摄，以正常速度播放时就会感觉时光加速，很短时间内就可以看到那些变化缓慢的过程，如云层的移动、日落的过程等。不过手机中的延时功能有限，很多不能设置多长时间拍一次，太缓慢的过程效果就不明显。延时摄影中晃动的影响会更严重，一般都要用三脚架。

第十一章
计算机的新发展

一、什么是人工智能

1997年，IBM公司开发的计算机深蓝（Deep Blue）战胜了曾十次获得国际象棋世界冠军的卡斯帕罗夫（Kasparov），引起了世界的关注。到了2016年，谷歌旗下DeepMind公司的阿尔法围棋（AlphaGo）又战胜了韩国的多次获得围棋世界冠军的李世石（Lee Sedol），使公众认识到了人工智能的强大。

1. 计算机运算与人脑的差异

自从出现了电子计算机，过去许多依靠人脑才能完成的事情，使用计算机都能很快地完成，于是计算机就被俗称为电脑。但实际上计算机与人脑之间还是有比较大的差别的。

最早的计算机，无论帕斯卡设计的机械计算机，还是电子管计算机ENIAC，都是为了协助人完成特定的数值计算。在数值计算这方面电子计算机明显要强大很多，现在复杂的计算任务基本交给计算机去完成。但要让电子计算机去计算，首先要有人研究出一种算法，并编制出一个程序，然后才能在计算机上运行并得到结果。

而人脑就不同，人脑是具有思维能力的。像研究数学，更多是通过逻辑推理，形成一些基本规则，在这些规则下进行推演，去得到一个个结论。

数值的计算能力，计算机明显比人有优势，但要完成像人这样的思考及逻辑推理，计算机就有些无能为力。还有一些对人来说很容易的问题，比如根据图像判断是一只猫还是一条狗，对智力正常的人来说非常简单，但在很长时间内，这对于计算机来说则是一个难题。计算机也就被认为只是一种机器，只适合去完成那些单调、枯燥、简单重复的计算工作，只能作为人类的助手。

不过随着计算机性能的逐渐提升，一些人也在研究怎样才能让电子计算机去像人一样思考和进行逻辑推理，还有通过影像对物体进行分类这类问题。

2. 人工智能的初期研究

早在1950年，阿兰·麦席森·图灵（Alan Mathison Turing）就发表了《计算机器与智能》（*Computing Machinery and Intelligence*）论文，并提出了"机器能思考吗"的问题。不过，图灵主要是从数学和逻辑上探讨机器智能的可行性。

此时也有其他人涉足这个领域，开始了最初的探索。1956年，一些研究者在位于美国新罕布什尔州的达特茅斯学院聚会，提出了人工智能（artificial intelligence，AI）的概念。

人工智能研究者虽然对让机器具有人的思维能力的目标是一致的，但具体怎样去实现则有不同的看法，主要分为两大派：一派从生物学角度研究人脑的结构，提出了神经元、神经网络，被称为生理学派或仿生学派；另一派则从研究人的思维和逻辑推理过程入手，建立数学模型，提出数学算法，还实现了符号推演，并开发出人工智能编程语言（LISP、PROLOG等），称为逻辑学派或功能学派。

虽然很多都是理论研究，但产生的理论并不能只停留在纸面上，还是要通过实践来检验，并根据实际效果去补充完善。马文·明斯基（Marvin Minsky）就把人工智能技术和机器人技术结合起来，1968年开发出了机器人手臂，如图11-1所示，后来还创建了公司开发具有智能的计算机。爱德华·费根鲍姆（Edward Feigenbaum）则通过与化学家的合作，在1968年开发了DENDRAL专家系统，能帮助化学家判断某待定物质的分子结构，此后又为医学、工程和国防等部门研制了一系列实用的专家

图11-1　明斯基和其开发的机器人手臂

系统。印度裔的雷伊·雷蒂（Raj Reddy）带领的团队开发了语音识别系统，还参与了美国国防部高级研究项目局（ARPA）的自动驾驶项目，实现了最高时速达到110千米每小时的野战救护车。而基于符号推演，还出现了可以进行数学公式推导的软件。

不过，以上的人工智能成果，大多数是建立在逻辑推理、符号推演之上的，属于逻辑学派的成果。而生理学派则一直没有多大作为，陷入几十年的沉寂。

知识扩展

仿生学是通过研究生物体的结构与功能，并根据其工作原理，发明出新的设备、工具等的学科，比如模仿鸟的飞翔发明了飞机、模仿鱼的游动潜水发明了潜艇等。而人工智能，仿生的对象则是人脑。

20世纪50年代，通过观察人和其他动物的行为，出现了反馈控制理论。通过一个温度传感器获取环境温度，然后根据与设定温度的偏差通过算法自动调节，实现环境的恒温，这就是温度的反馈控制。

现在反馈控制已经用于很多领域，空调、冰箱、工业锅炉等都是使用反馈控制方式，在此基础上还发展出计算机控制技术和控制论。也有人认为控制论是人工智能的第三个学派，实现了自动控制技术的设备被称为智能设备。

技术说明

经过几十年的发展，在大量人工智能研究者的努力下，出现了机器学习和人工智能的很多算法，比如线性回归、决策树、支持向量机、朴素贝叶斯、K最邻近聚类、主成分分析、随机森林等。

在机器视觉方面，也出现了很多与图像相关的数学方法，包括边缘检测、几何特征描述、不变矩、自相关函数、灰度共生矩阵、Hough变换、傅里叶变换、形态学处理、Harris角点检测等。指纹识别就是这些研究的成果之一。

3. 人工智能与机器学习

人工智能就是要实现机器像人一样思考，具有像人一样的行为，这被称为强人工智能。不过要让机器在各方面都像人一样，似乎要求较高，退而求其次，只是在某些方面可以做到思考、推理并具有超过人类的能力，这被称为弱人工智能。

在人类社会中，象棋、围棋被认为是高等级的思维活动，能获得国际比赛冠军就被认为智力超群，一些研究者就在这方面着手，研究可以战胜棋类高手的计算机。早在20世纪40年代，图灵和克劳德·艾尔伍德·香农（Claude Elwood Shannon）就提出了机器下国际象棋的思路和算法，1956年美国新墨西哥州洛斯阿拉莫斯国家实验室（Los Alamos National Laboratory）的工作人员，在MANIAC计算机上设计出了世界上第一个可用的国际象棋的电脑程序。后来基于IBM和DEC公司的计算机也有了国际象棋程序，并在1967年第一次击败职业棋手。1970年，出现了计算机国际象棋锦标赛，1977年出现了下国际象棋的专用计算机，国际计算机国际象棋协会（ICCA）也于同年成立，这一年计算机程序首次在与国际象棋特级大师的对战中获胜一局。

通过总结早前的研究成果，卡内基梅隆大学（Carnegie Mellon University，CMU）的团队推出了深思（Deep Thought）计算机，在1989年的计算机国际象棋比赛中夺冠，还在另一场比赛中战胜了一位国际象棋特级大师，由此获得了IBM公司的支持。IBM公司以雄厚的财力设计了高速计算的芯片，并邀请了多位国际象棋特级大师前来与计算机对弈和训练，经过近十年努力最终战胜了国际象棋的顶级高手，这次胜利也让IBM公司的股票上扬。可见在下棋方面，是经过了近半个世纪的研究，计算机才超过了人的大脑。

对于玩过象棋、围棋的人来说，都知道要把棋类游戏玩精，需要背大量"定式"，也就是通过对大量棋局的记忆能提前预判哪种走势会出现哪种结局。而在记忆方面，人是远远赶不上计算机的。不过各种不同的棋局怎样让计算机读取并存储在计算机中，需要研究出好的方法，还要能根据目前的局势来搜索到最佳对策，这些对计算机设计者来说都不是简单的问题。

人从一出生，就开始了一个漫长的学习过程，直到成年，甚至可以到老年。在这个过程中，从识数开始，逐渐听懂话语、认识文字，然后学习更复杂的各种文化知识、懂得一些社会的规则。

通过研究人的学习过程，让机器也能够自主学习，从输入的复杂数据中寻找规律，并以此来预测结果，这就是机器学习（machine learning）。计算机实现的机器学习与之前只能通过人编制的固定程序实现的计算有所不同，这是一种智能算法（intelligent algorithms）。

知识扩展

图灵奖（Turing Award）是国际计算机协会（Association for Computing Machinery，ACM）在1966年设立的，奖励在计算机领域作出重要贡献的个人，名称取自英国计算机科学的先驱图灵。从1966年至今有70多位图灵奖获奖者，2018年之前有8位是人工智能领域的，包括人工智能领域的先驱马文·明斯基（Marvin Lee Minsky）、约翰·麦卡锡（John McCarthy）等，这些都是达特茅斯会议的发起者，当年不到30岁，只是一些"初生牛犊"。这些获奖者也主要是逻辑学派的研究者。

第一位人工智能领域的获奖者是马文·明斯基，他坚信人的思维过程可以用机器去模拟，机器也可以有智能，提出了颇受争议的"大脑无非是肉做的机器"（the brain happens to be a meat machine）的观点。明斯基获得了1969年的图灵奖，还曾出任过美国人工智能学会（American Association for Artificial Intelligence，AAAI）的主席。

2010年图灵奖获得者是莱斯利·瓦伦特（Leslie Valiant），他提出了生态算法（ecorithm）思想，认为自然界的演化、自适应及学习等现象，是大自然使用了算法。还认为生物就是基于蛋白质表达的网络，当进化发展时这些网络也在不断地调整。生态算法从不受控制和不可预测的世界中获得输入数据，目标是在复杂的世界中做出好的表现，生态算法使得有机体能够更加有效地进行自适应和学习。

这些人工智能的研究者，有各自不同的对人和机器的理解，虽然一些并未获得普遍认同，但他们取得的那些实际成果却有目共睹，推动了人工智能的技术发展。专业研究者就需要在自己的研究领域有自己独到的见解，也需要有自己的判断力和决定权，否则也谈不上专业。

技术说明

人工智能涵盖的范围很广，包括工业控制、机器学习、机器翻译、语音合成、语言识别、计算机视觉、模式识别、智能机器人等。

人工智能从开始至今，有两个重要的关注点，一个是语言，一个是视觉。通过语言理解含义，通过影像判断物体，这对人来说是基本的生活技能，但对于机器来说则有很大的难度。很多研究者专注这个领域，出现了针对语言的声学处理、特征提取、分割和标注、搜索和反馈等方法，还有针对视觉的图像分割、特征提取、模式识别等技术。不过，这些自然语言处理和计算机视觉方面的算法主要是逻辑学派的，虽然有了很多成果，也有了一些实用的系统，但距离人的认知水平还有一些差距。这些研究似乎也进入了瓶颈，性能上难以获得较大提升，亟待突破性的技术出现。

二、神经元到神经网络

虽然1997年的国际象棋人机大战吸引了公众的注意，但在人工智能领域，掀起热度的却是AlexNet。2012年，加拿大多伦多大学（University of Toronto）的亚历克斯·克里热夫斯基（Alex Krizhevsky）及其导师杰弗里·辛顿（Geoffrey Hinton）设计的AlexNet，在计算机视觉识别的ImageNet竞赛中获得了冠军，高出第二名41%，取得重大突破。由此，沉寂几十年的人工神经网络（artificial neural networks）成为业内关注的热点。

1. 神经元的结构

其实早在1943年，心理学家沃伦·斯特吉斯·麦卡洛克（Warren Sturgis McCulloch）和数理逻辑学家沃尔特·皮兹（Walter Pitts）就提出了神经元的McCulloch-Pitts数学模型，简称MP模型。这是通过生物学的研究获得的一种模型。

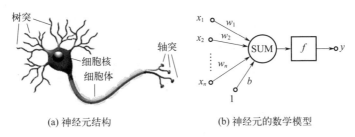

(a) 神经元结构　　　　(b) 神经元的数学模型

图11-2　神经元与其数学模型

一个神经元通常由细胞体、细胞核、树突和轴突构成，如图11-2（a）所示。树突用于接收其他神经元传导过来的信号，一个神经元有多个树突。细胞核是神经元的核心，用来处理所有的传入信号。轴突是神经元的输出单元，它有很多个轴突末梢，可以给其他神经元的树突传递信号。根据这种神经元结构，提出了图11-2（b）的数学模型，其中x为前面神经元传递来的信号，w为对于每个输入信号的计算权重，n为每个信号对应的下标，y为神经元的输出，b为偏置系数，f为神经元的激励函数（activation function）。对应的数学计算公式为

$$y = f[(x_1w_1 + x_2w_2 + \cdots + x_nw_n) - b] \tag{11-1}$$

这是一个非常简单的模型，主要是做数据的乘加运算，只有激励函数是非线性的。这个模型过于简单，似乎也没有太大用处，长期不被业界专家看好。但"其作始也简，其将毕也必巨"，大概没人能想到60多年后成为科技发展的热点。

通过MP神经元的相互连接就能够组成人工神经网络，并可以实现很多层。但这种研究一直进展缓慢，几十年间都乏人问津。主要是因为比较浅层的神经网络处理能力一般，能解决的问题其他方法可以更简单地解决，而当时的计算机性能又有限，存储容量也不大，想建立起复杂的多层人工神经网络有比较大的难度。

杰弗里·辛顿是英国人，曾在剑桥大学学习，多次转学，从物理学、建筑学、哲学到心理学，拿到的是心理学方向的学士学位。其实早期的人工智能研究者中，很多都是攻读生物学、心理学方面的，甚至还有政治学毕业的。在西方社会，大学转专业比较容易，也不拘泥"专业对口"。

毕业后的杰弗里·辛顿因为厌学还做了一年木匠，1973年去爱丁堡大学（University of Edinburgh）研究生院学习冷门的人工智能。当时人工神经网络并不被主流学者看好，笃信人工神经网络的杰弗里·辛顿在那种大环境下苦苦坚持，也备受质疑。毕业后，杰弗里·辛顿前往美国，在卡耐基梅隆大学获得了教职。1987年杰弗里·辛顿前往加拿大，在多伦多大学计算机科学学院任教，并在加拿大高等研究院（Canadian Institute for Advanced Research, CIFAR）开展机器和大脑学习项目的研究。杰弗里·辛顿在接近40年的时间内默默耕耘神经网络，提出了反向传播算法、玻尔兹曼机等，等待着曙光的到来。

专业研究者就需要特立独行，这样才有可能成为一个领域的首创者，当然如果选择错误也可能会一生毫无成就。

2. 走向实用的神经网络

商业中一些数据的处理是企业很感兴趣的方面，企业也愿意投入资金进行研究。20世纪70年代，法国出生的雅恩·乐昆（Yann LeCun）在贝尔实验室工作时，通过NCR公司的计算机设备使用人工神经网络搭建了一个支票读取系统，主要是识别手写的数字，这种系统还被出售给一些银行使用。由于当时的计算机性能有限，识别数字的性能并没有比传统的方法更优越。到了20世纪90年代，雅恩·乐昆构建了LeNet-5神经网络，这种卷积神经网络在识别手写数字方面表现得更加出色，由此引起关注。此后，雅恩·乐昆设计的卷积神经网络开始用来识别文字，出现了OCR（optical character recognition，光学字符识别）系统，其他图像识别领域也开始尝试使用卷积神经网络。

ImageNet是美国斯坦福大学李飞飞团队花两年半时间于2009年建立的一个图片数据集，包括了320万张图片，分为5247个类，在此基础上图像分类大赛开始举办。从2012年出现的AlexNet开始，每年的竞赛前几名大多采用了人工神经网络，一些架构也因此在行业内被熟知，如GoogleLeNet、VGG、Inception、ResNet、SENet等。到2017年，物体分类冠军的精确度已经达到了97.3%，超过了人的水平，再继续比赛已没有多大意义，竞赛因此结束。8年的竞赛，在计算机相关领域掀起了人工神经网络的热潮，促进了人工智能的发展。

最初的人工神经网络在数字、图像识别方面获得了成功，从而受到关注，不久开始引入自然语言处理和语音识别方面，也取得很大成功。目前，能够识别图片上文字的OCR已普及开来，连快递公司的小程序都能实现这种功能。而在语音识别方面，即时通信软件上已有把语音转为文字的功能，市场上也有能通过人的语音控制开关灯的智能设备，还有语言翻译机在出售。

知识扩展

杰弗里·辛顿、雅恩·乐昆和约书亚·本吉奥（Yoshua Bengio）被称为人工智能深度学习领域的三巨头，三人于2018年共同获得图灵奖，如图11-3所示。

雅恩·乐昆曾在加拿大多伦多大学的杰弗里·辛顿实验室做过一年的博士后研究员，后来才去贝尔实验室工作，也算是杰弗里·辛顿的学生，而约书亚·本吉奥则是雅恩·乐昆在贝尔实验室的同事。

2004年，在加拿大高等研究院（CIFAR）的资助下，杰弗里·辛顿博士创立了一个研究项目，邀请了雅恩·乐昆和约书亚·本吉奥加入，三人经常聚会，但也争吵不休，在这样的一次次碰撞中产生了创新的火花。

图11-3 杰弗里·辛顿、约书亚·本吉奥和雅恩·乐昆（从左到右）

2013年杰弗里·辛顿加入谷歌公司，担任副总裁。而雅恩·乐昆则加入了Facebook，创办了该公司的人工智能研究院并担任院长，2018年卸任，但仍是Facebook的副总裁和首席人工智能科学家。约书亚·本吉奥在加拿大蒙特利尔大学（University of Montreal）任教授，还是蒙特利尔学习算法研究所（Montreal

Institute for Learning Algorithms，MILA）的科学主任，其建立的MILA被认为是世界上最大的深度学习研究学术中心之一。

人工神经网络的热潮，使沉寂几十年的生理学派广受关注，目前几乎就是人工智能领域的代表，而过去几十年间一直受到推崇的逻辑学派则受到冷落。有逻辑学派的研究者指出，人工神经网络只是工程上的解决方案，而不是依据数学上的某种原理构建，仅仅是把一些东西凑在一起。目前的人工神经网络，每一层的输出代表什么，每一个参数有什么意义，无人可以解释清楚，也就有人在研究具有解释性（interpretability）的神经网络。

其实对一些现实问题来说，比如气象，涉及的因素很多，很难根据原理建立起精确的数学模型进行描述，可以充分利用历史数据的人工神经网络或者更适合，但需要更密集的网格并积累大量数据，让机器通过这些数据去寻找规律性。

技 术 说 明

人工神经网络取得目前的成就，与实现更复杂的架构，并使用层数更多的神经网络密切相关。按式（11-1），网络中的每个神经元，都要计算多个输入 x_i 与对应权重 w_i 的乘积，然后相加，再经过一个激励函数 f 产生一个输出。将这种神经元排成一排，就形成一层神经网络。

可以将这一层层的神经网络层叠起来，外部输入数据的称为输入层，最后输出数据的称为输出层，中间的那些层就称为隐藏层，如图11-4所示。隐

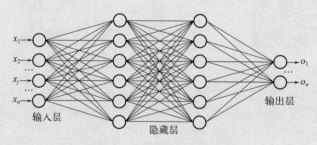

图11-4　简单的人工神经网络

藏层可以有很多层，这种神经网络就被称为深度神经网络（deep neural networks，DNN），像VGG-16和VGG-19就分别有16和19个隐藏层，其他的一些知名神经网络，如AlexNet、ResNet、SENet等，也都是深度神经网络。

深度神经网络中，每个神经元都有一个偏置参数b，每个输入还有一个权重参数w_i，一个深度神经网络中就包括了大量的参数，一般都在数万以上，那些大模型就远远不止了，一般以B（billion，十亿）为单位，目前已有超过600B的大模型。不过，虽然参数很多，但计算主要是矩阵运算，激励函数现在主要也在使用ReLU（rectified linear unit，线性修正单元）、ReLU6这种分段线性的类型。

对于庞大数据的并行计算，CPU这种管道式的串行运算结构就不太适合了，但有一种已经出现的器件却很适合，那就是GPU（graphics processing unit，图形处理器）。GPU本来是用于显示图像的，因为显示器有很多像素，如1920×1080像素的显示器，有200多万像素。这些像素的颜色和亮度要在很短的时间区间内都输出到显示器中，GPU中就要拥有大量的计算单元，几百甚至数千，每个计算单元可以同时进行浮点数计算，即具有并行计算的能力。对于人工神经网络来说，主要就是一些矩阵运算，虽然参数数量庞大，但计算并不复杂，这正适合GPU的特点。生产GPU的厂商主要是英伟达、AMD等公司。英伟达的GPU如图11-5所示。

为了人工智能的需要还设计出了NPU（neural processor unit，神经网络处理器）、TPU（tensor processing unit，张量处理器）等，专门用于执行人工神经网络需要的矩阵等相关运算。GPU、NPU、TPU这些器件，就是为了执行大规模浮点数的并行计算而设计的，其

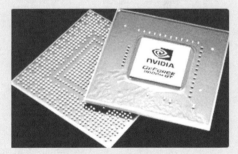

图11-5　英伟达的GPU

TFLOPS指标都比CPU要高很多，目前可到几十TFLOPS以上。

对于深度人工神经网络，首先要设计好一种架构，继而生成随机的各个权重值，然后使用数据集对网络进行训练。把训练数据输入到这种神经网络时，

就会通过计算获得输出，通过一定的评价方法，就能得到输出与需要结果的偏差（损失函数，loss function），通过某种反向传播（back propagation）算法，调整网络中的每个神经元的偏置b和权重w_i，来减少这种偏差。当把大量的数据一个个输入到这种网络时，网络就通过一次次这样的计算、评价、反向传播的过程一点点调整网络中的那些参数，当输出的偏差达到需要时就可以停止训练，得到适应这种数据集的一个网络。训练结束，网络就得到相关参数值并存储下来，这很像人类大脑的记忆。这个训练存储的过程就像人类的学习过程，是一种机器学习。深度神经网络的学习过程，被称为深度学习（deep learning）。

每个人工神经网络的不同，首先是网络结构的不同，有全连接，有卷积（convolution），有回馈（recurrent），有池化（pooling），有长短期记忆（LSTM）和门控，有U-Net结构，等等，还有不同的层数，通过不同结构的网络组合就构建出能满足实际需要的人工神经网络。一般来说，对于图像识别方面，使用卷积神经网络（convolutional neural networks, CNN）比较多。而在自然语言处理方面，如文本、声音的识别方面，更多采用回馈神经网络（recurrent neural network, RNN），因为上下文有相关性。

采用相同或类似的网络结构，因为应用场景不同，采用不同的数据集来训练，或使用不同的评价方法、不同的反向传播算法，也会产生不同的结果。

人工神经网络的构建和分析计算，需要应用大量的线性代数方面的知识，对数学基础有一定要求，数学水平不够就难以使用。现在已经出现很多方便的软件框架，比较出名的有PyTorch、TensorFlow、Keras，其他还有Caffe、Theano、CNTK、MXNet、DeepLearning4等，其中不少是这个领域的大公司研究推出的。这些软件包屏蔽了一些常用算法的细节，能让使用者更容易地构建起人工神经网络来实现人工智能，降低了进入的门槛。

随着近十几年人工神经网络的快速发展，网络形式也越来越多样，有很多新的网络类型出现，如生成对抗网络（GAN）、图神经网络（GNN）等，网络结构也越来越复杂，出现了多种大模型。目前的人工智能研究热点是图生图、文生图、图生视频、文生视频等，还有能与人进行交流的机器人，已有很多让人惊喜的成果。但一些前沿的人工智能实现方法都有不菲的商业价值，不少是商业秘密。随着更多人投身这个领域，会有更多的相关技术细节被披露出来。

三、计算机技术的发展趋势

从20世纪中期电子计算机出现，经过70多年的发展，计算机科学出现了很多分支，如体系结构、操作系统、编程语言、算法、密码学、软件工程、数据库、信息检索、人机交互、可视化、设计自动化、高性能计算、移动计算、网络、安全、测量和分析、嵌入式与实时系统、图形和视觉、自然语言处理、机器人等，当然还有机器学习和人工智能。现在计算机技术也已经渗透到方方面面，改变了我们的生活。那么未来的计算机将走向何方？

1. 巨型化与微型化

因为个人计算机性能的增强已经超过当初的大型机，大型机就向更大化方向发展，走向巨型机，也就是超级计算机。各个国家都在发展超级计算机，并在这个领域竞争，你追我赶。

发展巨型机，也是因为一些计算过于复杂，数据量庞大，一般的计算机难以完成，比如气象预报。而且随着人工智能大模型的出现，数据量会达到千亿量级以上，要对这种大规模的数据集进行训练计算，一般的计算机也难以承担。

与此同时，很多应用场合又需要体积更小、性能更强的计算机。现在的32位的MCU，计算能力和存储器容量都比早期的那些大型计算机要强大，旋翼式的无人机就是使用这种MCU实现的。技术继续发展，也许会出现体积更小的机器人和无人机，医疗领域就需要微小的机器人进入人体实施治疗。

2. 无处不在的网络

自从有了无线网络，没有了线缆的束缚，就给了计算设备更大的自由。笔记本电脑、平板电脑、掌上电脑、手机等，都主要依靠无线联网。

一些地方的公共交通也在使用无线网络，把车辆的实时位置信息传到控制室，可以随时了解每辆车的位置和运行情况。还有一些智能站台和手机App，可以获取公交车的现在位置并预测到站时间，为出行带来更大方便。

其实，可以使用无线网络的设备还有很多。比如水表、电表等，一般都是要靠人力定期去抄表，费时费力，目前已有一些智能的水表、电表，可以通过无线方式来传输数据，不仅省事，数据出现异常还能及时发现。

一些环境监测设备，要不断地监控着污染物的排放，还有一些水文监测、气象监测、地质监测设备等，往往都设置在偏远的地点，交通不方便，如果采用无线网络传输数据，就可以大量设置并得到实时的报告。

随着技术的进步，智能设备也会拥有更强的无线联网能力，一些更适合智能设备联网的技术和标准也会发展起来，配合地址数量巨大的IPv6，远程获取每台智能设备的数据并进行操控也会变得简单易行。

3. 多媒体继续发展

早期的计算机处理速度比较慢，只能处理音频数据，图片也不能显示较大幅度的。随着网速和CPU性能的提高，并有了算法的优化，视频已经可以做到实时处理，过去到处安装的本地模拟监控也在逐渐过渡到数字式的网络监控（IP camera），无人值守，远程存储。

目前的图像中，每种颜色使用8位数据表示，只有256级的灰度，在明暗对比强烈的环境中常常感到不足，比如拍雪山、黄昏的景象，就难以做到明暗兼顾，专业相机都已采用更多位数的图像格式。随着计算机性能的提高，将来使用更多位数表示每种颜色的方式可能会被普遍采用，使图像和视频具有更宽的动态范围。

目前的视频格式，每帧像素为1920×1080，水平分辨率接近2000，被称为2k视频。很多人对目前的视频清晰度并不满意，希望发展到4k甚至8k的视频，也就是视频的水平分辨率在4000、8000左右。目前提出的4k视频UHDTV标准中像素为3840×2160，水平和垂直分辨率都提高为2k视频的2倍，总体像素数为2k视频的4倍，而8k视频SHV标准中像素为7680×4320，水平和垂直分辨率再加倍。这样就需要更多像素的显示屏，网络传输的数据率也需要更高，而计算机等设备也就需要更强的处理能力和更大的存储器。

面对数据量很大的音视频，存储检索也是一个问题。从海量的音视频中查找需要的内容是较大的难题，仅靠人来查找费时费力，视频内容的计算机识别与检索也会受到更多关注。

4. 人工智能的普遍使用

随着机器学习与人工神经网络的发展，一些十多年前认为不可能实现的任务已经成为日常，如手机的指纹识别、人脸识别。

　　图像识别方面，已经出现一些鸟类识别的软件，上传照片就可以给出比较准确的鸟种信息，远超普通人的认知水平。不过在花卉、植物的识别方面，目前还没有获得广泛认可的应用软件，距离实用性还有差距，也是因为品种太多，一些局部信息很容易被误认。而在物体识别方面，虽然在主体突出的照片中已经可以实现物体分类，但在自然的场景中，如果环境比较杂乱，识别就可能出问题，还有待提升。

　　一些应用中，已经可以模仿一些名人的音色克隆声音，这是通过提取声音的特征实现的。有一些软件，可以把人的声音转成文字，也可以把文字转成声音，通过使用这种技术可以为视频加入字幕或解说，让视频内容更加丰富。

　　在声音的应用中，最让人感兴趣的是语言翻译，一些厂商也有翻译机出售，但主要还是日常用语方面。目前看到的文字翻译软件，很多也只能把一些常用词汇对译，复杂一些的含义就常常出问题，更不能适用于专业领域，提升空间还比较大。对于汉语方言及少数民族语言，还没有比较好用的翻译软件。

　　最近人工智能领域比较热门的是文生图、图生图、图生视频，甚至文生视频，已经出现了很多模型，做出来的效果也很让人难忘。也有一些人希望通过算法使照片具有艺术效果，比如转为素描、浮雕、木刻、动漫等类型的图片。如果人工智能可以让人人都变为艺术家，会不会让一些人失去"饭碗"，这也是个问题。

　　目前的人工智能，要通过性能比较好的计算机来实现，很多都需要昂贵的GPU。但已经出现MobileNet这种可在手持设备上使用的计算量较小的人工神经网络，在一些领域的表现可圈可点，甚至还有了可在性能较强的MCU上使用的预训练的人工神经网络。如果这种方式可以推广，那么智能设备会比之前更加智能，替代人力除草、摘果的机器人也会设计出来，把人从这种繁重的体力劳动中解脱出来，也可能会出现用于地下管道的检修、污水管道的清淤、矿石的开采等方面的机器人，人只需要坐在办公室中监控即可。